はじめに

筆者が京都で天然染料のみを扱う染め工房を開業して16年。その間、当工房の染め上げ品をお使いくださっているお客様はもちろん、その他にも企業の方、アーティストやクリエイターさん、小中高の先生、大学の教授さんなど、様々な方々とご一緒する機会を得てきました。

そうしたご縁を通じて肌で感じるのは、ここ数年、天然染料に対する皆さんのご興味が以前に増して強くなっているな、ということです。

[illegible]極々取り沙汰される環境問題、飽和した経済社会の側面のひとつとして指摘される大量生産・大量消費に[illegible]する問題提起、そして自然との関わりを主眼にした持続可能な社会の模索などなど。[illegible]代の社会が持つ様々な負の背景も手伝って、以前に比べて多くの方が天然染料に目を向けはじめているのかもしれません。そういう方々が、天然染料で染めた商品のみならず、その概要・技術・背景・意義など[illegible]めて情報を探しておられるのでしょう。だからこそ、私たちのような小さな染め工房にも足を運んでくる[illegible]るのだろう、と思います。そして訪れた方に頻繁に聞かれる質問のひとつが、「なにか良い本はありま[illegible]んか?」です。

天然染料の染めを扱っている書籍はこれまでもたくさん出ています。それらの書籍は、どの植物がどのような色に染まるのか、そして具体的な染め方はどのような段取りなのか、といったようないわゆるHOW TO本的な性格のものが多いと思います。

天然染料の染色は工芸界の重要な手法のひとつですので、その手法解説がメインになっている本が多いのは当然です。ですが、「そもそも天然染料ってなんだろう?」「合成染料とどう違うの?」「何で草木で染まるの?」「どんな素材でも染まるの?」「天然染料の染めってやっぱり大変そう……」「で、結局藍染めって何?」といった、普通に不思議に感じることに、身近で気軽に答えてくれるような本は少ないように感じます。


この本は、「さぁ、これから草木染めをはじめるぞ!」と、とても前向きに天然染料と向き合ってくださっている方のための本ではないかもしれません。

もちろん、そういう方々が読んでくださっても、血となり肉となるような内容を盛り込んだつもりです。

ですが、そんな前向きな気持ちになる少し手前、、「天然染料」という言葉に少し興味を覚えた方たちが、更に興味を持ってもっと何歩も先に進んで頂くための後押しとなる情報を提供することを一番の目的に考えて執筆しました。

アパレルブランドのマーチャンダイザーさんが素材バリエーションのひとつに天然染料の染めを盛り込んでみたい……。

合成染料メインの染工場が、取引先から打診されて天然染料を新技術に組み込んでみようと思うけど、何から手を付けたらよいのだろう……。

学校の先生が、実習に草木染めを取り入れてみたいけど、理科や社会との関わりはどうなんだろう……。中学生や高校生が、夏休みの自由課題に染色のことを取り上げたいけど何か面白そうなネタはないかな……。そんな方々が、「なるほど!」と思って頂けるような、更に言えば、天然染料のことを全く知らない方にも興味を持って読み進めて頂けるような話題を中心に選びました。それぞれのトピックの中では、天然染料の特徴やその科学的背景、歴史的背景などをできるだけ気軽に、しかし正確につかんで頂けるよう記しました。そして、具体的で現代の考え方から離れない視点から解説をするよう心がけました。

天然染料って何となく良さそう、天然染料って何となく面白そう。でもよくわからないなぁ……。そういった方々がこの本を手に取ってくださり、ひとりでも多くの方がより具体的に天然染料と関わってくださることを願ってやみません。

最後に、科学的側面からの解説に関して多大なアドバイスを頂いた高エネルギー加速器研究機構・構造生物学研究センター所長の千田俊哉教授、古文献の解説に関して多くの助言をくださった奈良県立橿原考古学研究所の橋本裕行様、ならびに筆者の慣れない執筆作業に御助力くださった全ての皆様にこの場を借りて御礼を申し上げます。

２０１９年３月

天然色工房ｔｅｚｏｍｅｙａ　青木正明

目次

第3章
色ごとにみる天然染料

第4章 薬、医学、環境問題と天然染料

第1章

ちょっと化学な天然染料の入り口

1 糸、布、繊維ってなに？ なぜ染まるの？
―とてもお手軽な染色概論 その1―

この本ではたくさんの天然染料の話をしていますが、その前提としてまず、染まる布や糸、繊維《せんい》のことについて簡単に解説しておこうと思います。

布は、糸を編んだり織ったりしてでき上がった、平面の形状をしたものです。これは、糸という1次元的構造物を並べたり絡ませたりすることで、2次元的構造物ができるからですが、同じような平面の形状をした鉄板とは違い、柔らかくしなやかなものです。この理由は、布を作っている糸が、やはり柔らかくてしなやかだからです。すなわち、糸という、〈とても長くて細くてしなやかであるもの〉を私たち人間が作ることができたので、その糸から柔らかくて加工しやすい布を作ることもできたのですね。

では、なぜ私たちは糸を作ることができたのでしょうか？ それは、はるか昔私たちの祖先が、自然という身の回りの世界から〈長くて細くてしなやかなもの〉を見つけたからです。背の高い草の茎から内皮を取り出しそれを割いて細くて長くてしなやかなものを得たり、種から細長くてしなやかな毛がたくさん生えている変わった植物を見つけたり、細長くてしなやかな体毛をヒツジやヤギから頂いたり、蚕の幼虫が作った繭をお湯でふやかすことでとても細く、そしてびっくりするくらい長くてしなやかなものにほぐす技術を見つけたり……。

そうやって得られたものが、長くて細くてしなやかなもの、繊維です。私たち人間は、長くて細くてしなやかな物質、繊維を見つけることができたので、それらを撚《よ》ることで絡ませたり、績《う》むことで結んだりして、更に更に長くて、そして細くてしなやかな糸を作ることができたのですね。

長くて細くてしなやかなもの

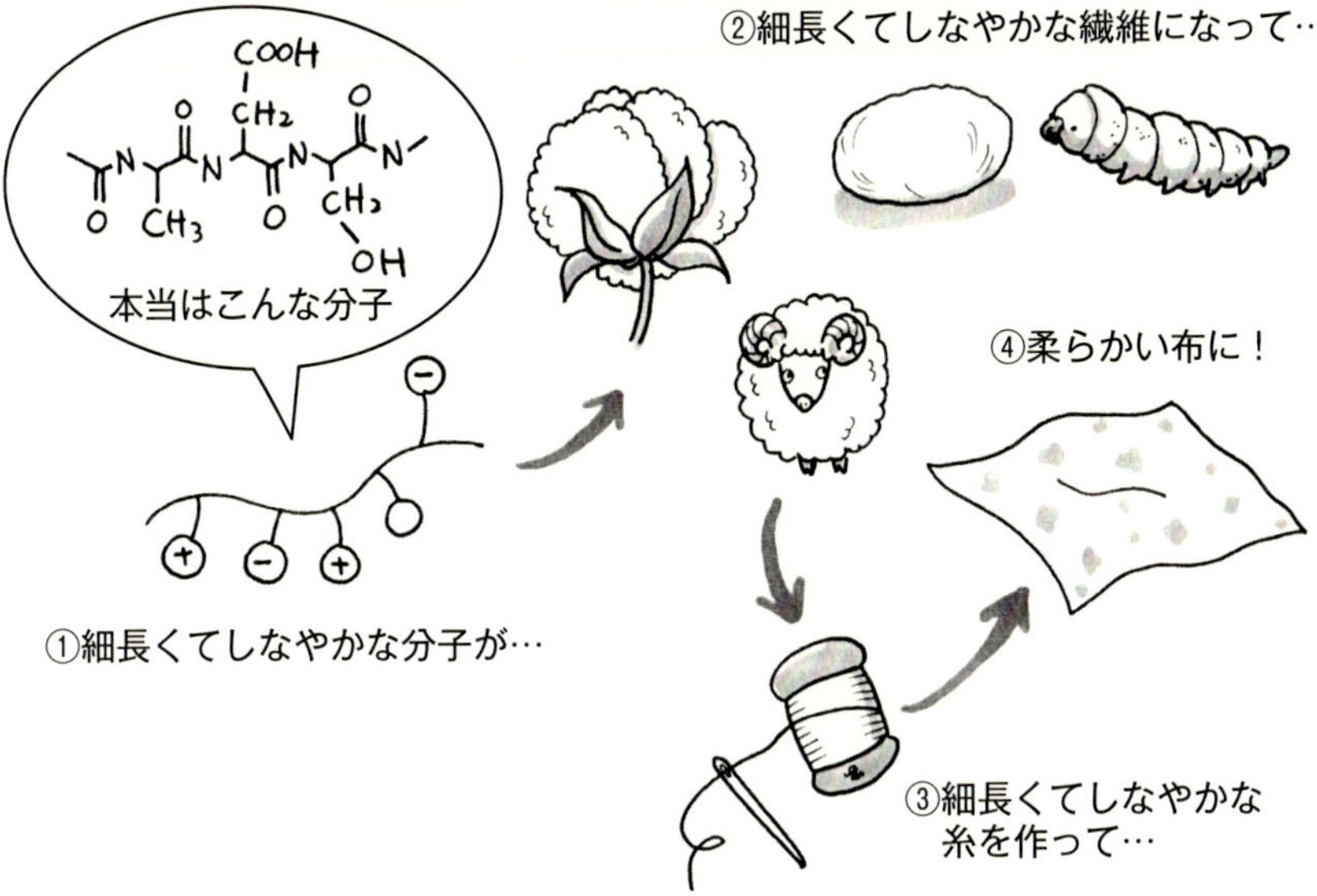
COOH
CH2
CH3
CH2
OH
本当はこんな分子
①細長くてしなやかな分子が…
②細長くてしなやかな繊維になって…
③細長くてしなやかな
糸を作って…
④柔らかい布に！

では、なぜ繊維は細くて長くてしなやかなのでしょうか？　それは、繊維という物質を構成している分子が、やはり、細くて長くてしなやかだからなのです。結局、とても細長くてしなやかな分子がたまたま自然界にあって、その分子が束になることで細長くてしなやかな繊維ができ上がり、その繊維を集めて細くてものすごく長くてしなやかな糸を人間が作り、その糸から布ができ上がっている、という単純なお話です。

そして、この細長くてしなやかな分子は、たまたま『手』を持っていることが多いです。この手のことを官能基と言い、これは他の物質の官能基と反応を起こしやすい部位です。この官能基は、細長い分子に連続して存在することが多く、天然の繊維の分子は、化学反応を起こしやすい担い手をとてもたくさん持った形をしているのです。

繊維の分子が持つこのたくさんの官能基は、私たち染色家にとって大変ラッキーなことでした。と言うのも、この『手』、すなわち官能基が染色の際にとても重要な役割を果たすからなのです。この先の話は「草木はなんでも染まる？」でどうぞ。

2 草木はなんでも染まる？・植物が染料になる理由
―とてもお手軽な染色概論 その2―

天然染料の染め工房を営んでいてよく耳にするのが、「植物なんかで布が染まるのですか？」という質問です。

植物を煮立てて作った汁で布や糸を染める、ということを毎日行っている私たちからすると、この作業は、ご飯を炊いたり炒め物を作ったりするのと同じように、ごく当たり前の日常の出来事なのですが、天然染料の染色をしていない方たちから見ると、この出来事はどうにも不思議でしょうがないようです。

当たり前ですが、植物は生きものです。彼らの体はとてもたくさんの細胞からできていて、その細胞の中には生きるために必要なとてもたくさんの種類のものが入っています。そして、そのたくさんの種類のものを作るための情報のおおもとは全て、細胞核の中にある遺伝子情報を司っているＤＮＡ（デオキシリボ核酸）に書かれています。例えば、独立行政法人農業生物資源研究所が２００７年１月に発表した資料によると、イネは約３万２千個の遺伝子を持っていて、これはそのままＤＮＡに約３万２千種類の有機物を作るための設計図が書かれているということを意味します。ＤＮＡに書かれている有機物の半分ほどは酵素になり、この酵素が、体内の化学反応の大きな助けとなって、更にたくさんの種類の物質を生み出しています。

これらの酵素からは、私たち生物にとって必要な様々な物質が作られていきます。その中には、生きていくためや子孫を作るためには直接関係しない、それほど重要ではない物質もでき上がります。これらの物質を『二次代謝産物』と言い、様々な分野で注目を浴びているようです。というのは、私たち以外の生物が作っている二次代謝産物が、薬品・香料・香辛料など

生物が持つ遺伝子数から想像した二次代謝産物の種類

生物の名称	遺伝子数（予測値）	二次代謝産物の種類
ヒト	22,287 個 2004 年 10 月 21 日付 ネイチャー誌より	約 2,200 種以上？
イネ	約 32,000 個 独立行政法人農業生物資源研究所 2007 年 1 月 9 日発表	約 3,200 種以上？
キウイフルーツ	39,040 個 独立行政法人科学技術振興機構 植物ゲノム統合データベースより	約 3,900 種以上？
トウガラシ	34,903 個 独立行政法人科学技術振興機構 植物ゲノム統合データベースより	約 3,500 種以上？
カカオ	28,798 個 独立行政法人科学技術振興機構 植物ゲノム統合データベースより	約 2,900 種以上？

植物だって何万個もの遺伝子を持っている。
ということは、多くの植物は何千種類以上もの二次代謝産物を持っているかも!?

として時折私たち人間にとって有益になることがあるからでして、実は私たちが欲してやまない天然由来の色素も、この二次代謝産物の中にあるのです。

ここに面白いデータがあります。2017年9月27日に理化学研究所が発表したプレスリリースによると、シロイヌナズナという植物が持っている1335種の二次代謝産物の生成には5654個の遺伝子が関わっているとのこと。平均すると、4個強の遺伝子が関わって1つの二次代謝産物ができている、という割合になりますね。これはシロイヌナズナという特定の植物だけの話ですが、生物の遺伝子のバリエーションは異なる種の間でびっくりするような差異がない（例えば人間とチンパンジーの遺伝子は98％以上が同じ）ことから考えても、地球で生きるおのおのの生物が作る二次代謝産物の種類は、それぞれの遺伝子の数の10分の1を下回ることはあまりないだろう、と思っても間違いではなさそうです。

さぁ、話を戻します。なぜ植物で布や糸が染まるのでしょうか？

植物をコトコト煮出すと、彼らの体の中に入っていた様々な二次代謝産物の中で『水に溶けやすい』ものが、植物の体内から煮汁の方に出てきます。そして、出てきたその物質がたまたま『色』を持っていたとします。そして更に、その物質の元である分子が様々な化学反応や相互作用の担い手である『手』、すなわち官能基を持っていたとしましょう。

今、植物をコトコト煮出したことで、その煮汁の中には、水に溶けて、色を持っていて、そして手を持っている物質が、分子の姿でたくさん入っています。ここに、繊維でできた糸や布を入れて動かしたり温度を上げたりします。すると、『水に溶けて色を持って手を持っている分子』があちらこちらに動いて、たまたま繊維分子の近くに来ることもあるでしょう。その時、繊維分子が持っている手と、水に溶けて色を持っている分子の手との相性が良いと、化学反応や相互作用のおかげで、ひょいっ、とくっついたりします。これが、『染まる』という現象です。

この、

- 水に溶ける（適度な親水性を持つ）
- 色を持っている（可視光での反射特性を持つ）
- 手を持っている（繊維分子の官能基と各種反応しやすい官能基を持つ）

といった、3つの性質を備えている物質のことを『色素』と言い、この色素を含んでいる天然の個体のことを、『天然染料』と言います。すなわち、天然染料になるには、先の3つの性質を兼ね備えた二次代謝産物を持っていればよいのです。

先ほどの3つそれぞれの性質はそれほど珍しい類のものではありません。少なくとも、手を持っていない二次代謝産物は皆無と言ってよいでしょう。では、この3つの性質をすべて持った物質はどの程度あるのでしょうか？　どの性質も具体的な数字で表すことが難しいのですが、この場は学術論文ではないことに甘えてざっくり考えてみまして、手を持つ確率は1（常に手を持っているので）、水に溶ける性質・色を持っている性質を持つ物質の存在確率はそれぞれ10分の1（とてもいい加減な数値ですがかなり低く見積っています）とすると、3つを兼ね備える確率は全部をかけて100分の1。植物は先ほどのように、おそらく千種類以上の二次代謝産物を持っていそうですので、どんなに少なく見積もっても、10種類や20種類くらい以上は色素になる物質を持っていそうです。すなわち、どんな植物も、おそらく何らかの色素を持っていて、煮出せば必ず何らかの色に染めることができるのです。全く何の色にも染まらない植物を探す方が難しいのでは、と筆者は思っています。

生きものである植物は本当に多種多様な物質を持っていて、その数があまりに多いので、たまたま色素になるものを持っていて、しかも、ラッキーなことに繊維の分子もその色素とくっつく手を持っていた、という偶然なる両者の性質の一致が、草木で染色ができる理由です。これが偶然か必然か、それは皆さんがお好きにお考え頂ければと思います。

布や糸が染まる現象

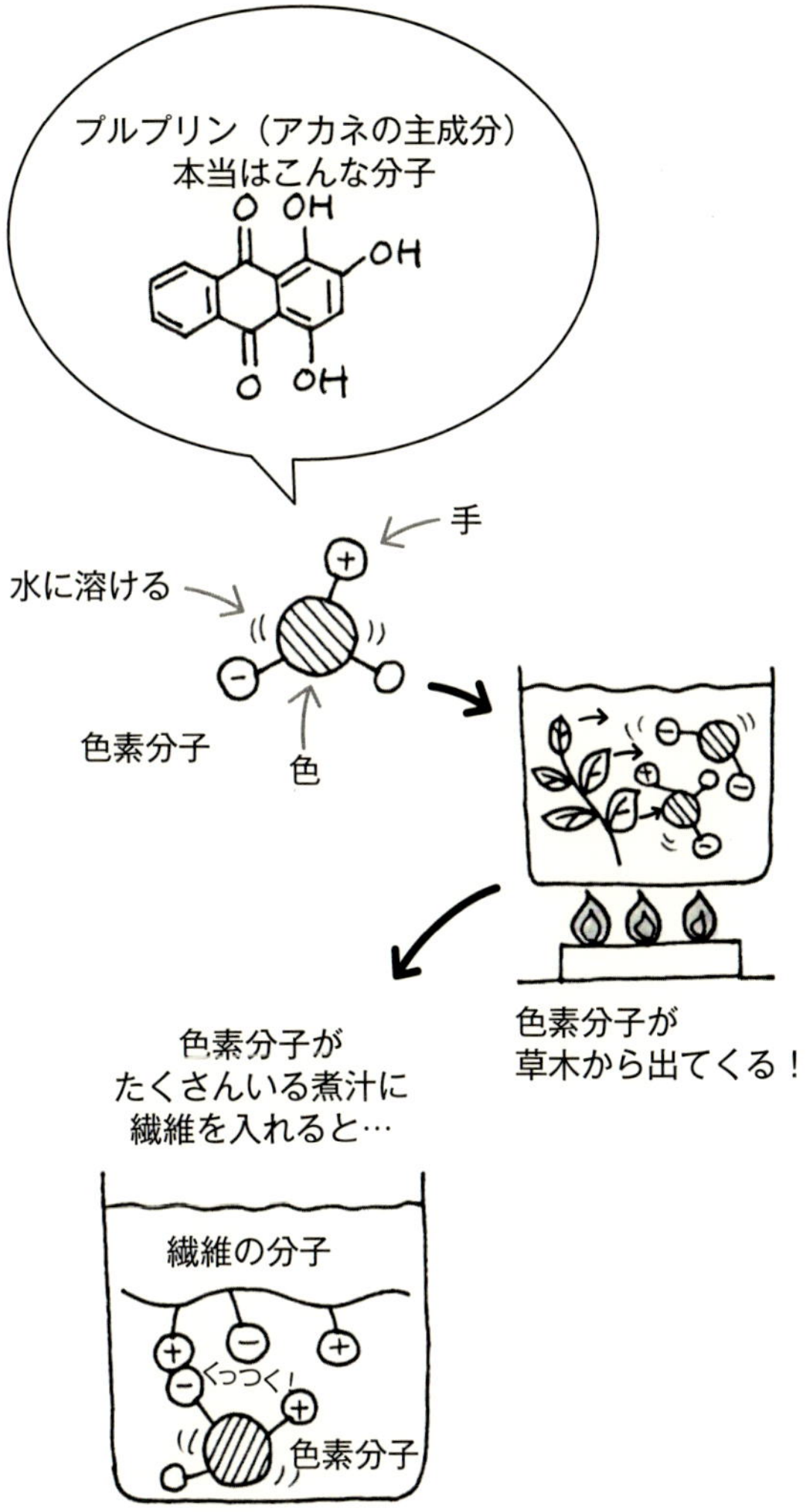
プルプリン（アカネの主成分）
本当はこんな分子
O OH
OH
O OH
手
水に溶ける
色素分子
色
色素分子が
草木から出てくる！
色素分子が
たくさんいる煮汁に
繊維を入れると…
繊維の分子
くっつく！
色素分子

3 シルクとコットンでは染まり方が全く違う！
―とてもお手軽な染色概論 その3―

染めの経験がおありの方であれば、同じ染料で同じように染めたつもりの糸や布が、その種類の違いで染まる色の濃さや色相が違ってびっくりしたことがあるでしょう。これはなにも天然染料に限ったことではなく、布の織り方や編み方、そしてその糸の太さや撚り具合など、染まる材料が違うと染まる色の濃度も変わるのですが、その色差が大きく出るのがもともとの素材の種類の違いです。そして最もわかりやすい染まり方の違いを見ることができるのが、シルクとコットンを染めた時です。ここでは、なぜシルクとコットンでは染まり方が違うのかを解説します。

シルクは蚕の幼虫が吐く長く細い繊維から作られます。この繊維の成分はフィブロインというたんぱく質です。一般的にシルクはコットンよりも簡単に濃く染まりやすく色落ちしにくい素材なのですが、これはシルクがたんぱく質でできているから。その理由を説明する前に、まずたんぱく質のおさらいをしましょう。

たんぱく質とはアミノ酸という分子が重合してできたとても大きな分子、『高分子』のこと。私たち人間に限らずすべての生物にとって重要な高分子で、主に体を作る材料になっています。筋肉も、爪も、髪の毛も、鼻汁も、全部たんぱく質の一種です。このたんぱく質を構成するアミノ酸とは、アミノ基とカルボキシル基という2つの手（官能基）を必ず持つ比較的小さな分子のことです。逆に言うと、アミノ基とカルボキシル基さえ持っていれば他にはどんな手を持っていてもアミノ酸でして、生物の細胞の中では基本的に20種類のアミノ酸が使われています。そして、この様々なアミノ酸が数十個から多いときは数千個も数珠つなぎに繋がってできているのがたんぱく質。言ってみれば、

染まりやすく色落ちしにくいシルク

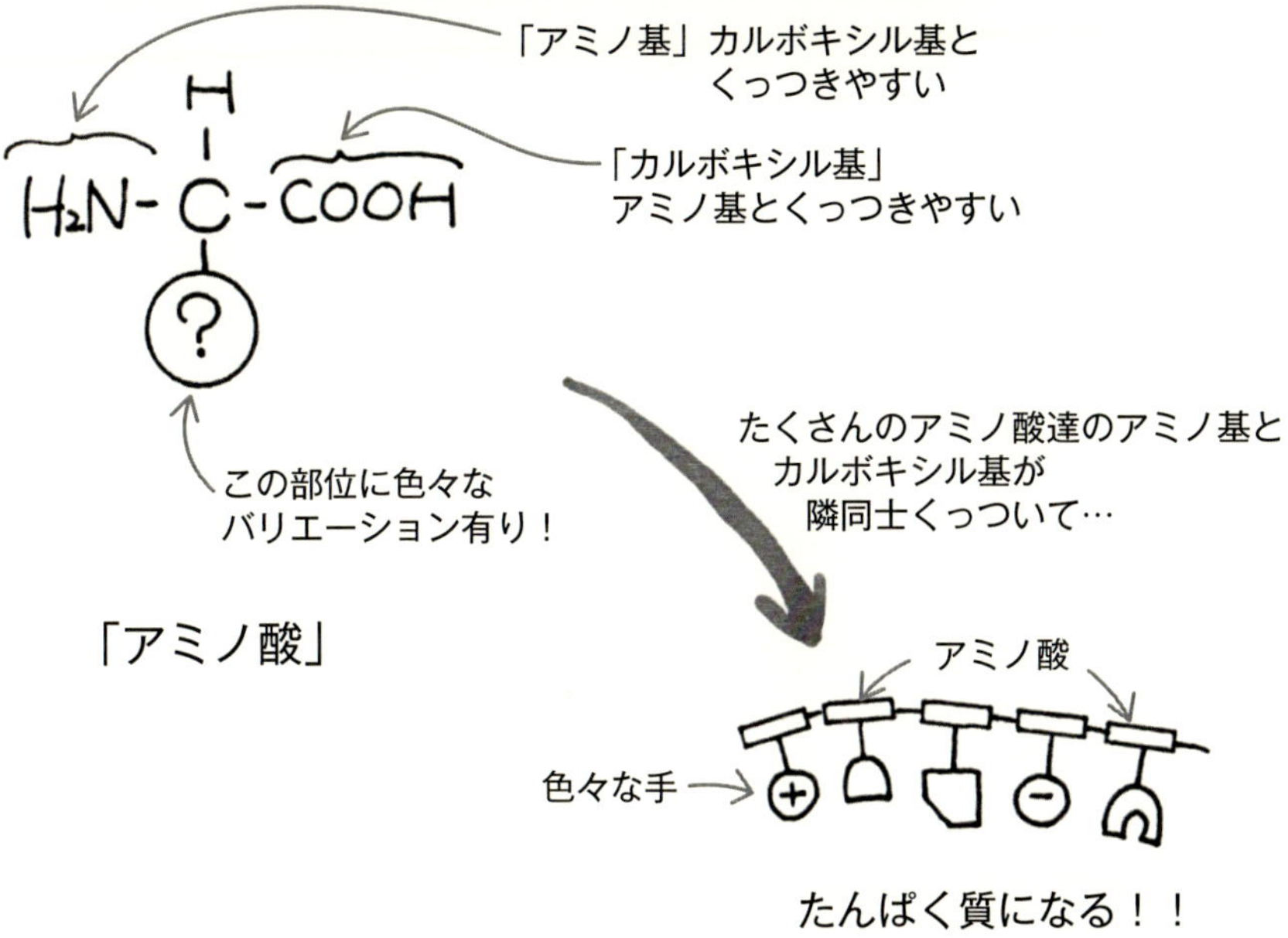

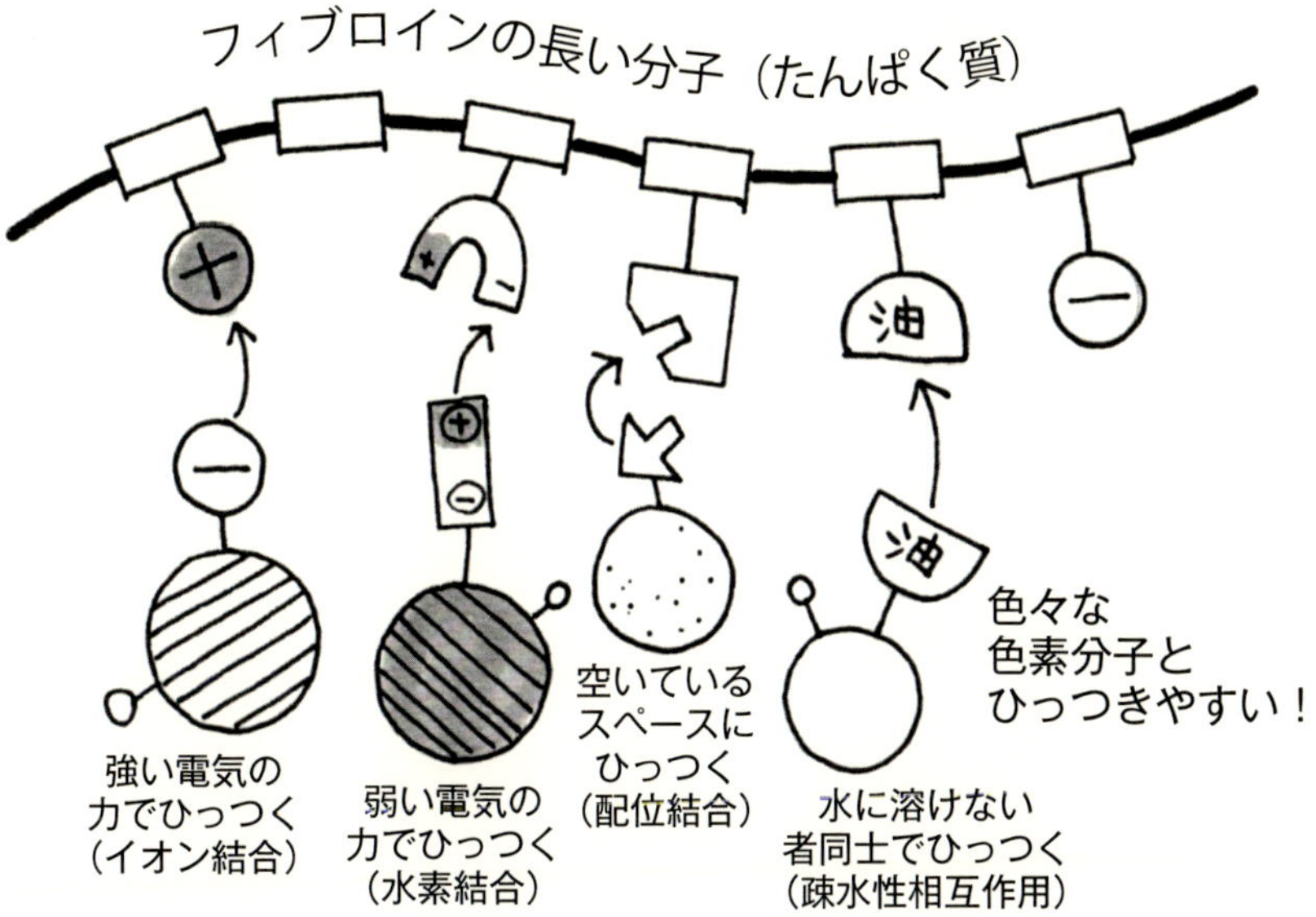

形の違う20種類のレゴパーツを豊富に使って自由に組み上げたレゴのようなものでしょうか。例えばアミノ酸を50個繋げてたんぱく質を作ろうとしたら、そのバリエーションは20の50乗通り。計算すると1・126×10の65乗！ 全宇宙の星の数より遥かに多いです。こんなにバリエーションがあるので、カニの甲羅から卵の白身まで様々なたんぱく質があるのですね。

シルクを形作るフィブロインも、主に10種類以上のアミノ酸から構成されています。だから、フィブロインが持っている手も各種様々です。そして、「草木はなんでも染まる？」で述べた通り、天然染料が持つ色素分子も色々な種類の物質があり、おそらくいろいろな手があるはずです。繊維分子の手と色素分子の手がくっつく、というのはつまるところ分子間の相互作用(もしくは結合)のことなのですが、この結合は、イオン結合、水素結合、配位結合、疎水性相互作用、π－π相互作用、CH／π相互作用などなど、様々な結合方法があり、どの結合方法で結びつくかというのは手と手の性質(形状や電気的性質など)とその相性によって変わってきます(上にあげたもの以外に、化学の世界では共有結合というとても強固な結合がありますが、染色の世界の話としてはとりあえず置いておきます)。すなわち、難しい化学の言葉はさておいて、手の種類が豊富であれば、いろいろな結合から最適な方法を選ぶことができ、お互いの手と手が繋がる可能性が高まります。

結局、シルクの成分であるフィブロインはたんぱく質なのでバリエーション豊かな手がたくさんあり、同じくバリエーション豊かな色素分子の手と、あの手この手でくっついて、天然染料を使って染色されやすいわけです。

ではコットンはどうなのでしょう。コットンはセルロースという、植物の体を構成するための重要な細長くしなやかで丈夫な分子でできています。セルロースもとても大きな高分子なので、さらに小さな分子が数珠つなぎになって構成されているのですが、たんぱく質と違い、その構成分子はブドウ糖という分子1種類だけです。同じブドウ糖が綺麗に何千個も並んでできているとても単調な分子でして、しかも、このブドウ糖はヒドロキシ基という1種類の手しか持っていませ

染まりにくく色落ちしやすいコットン

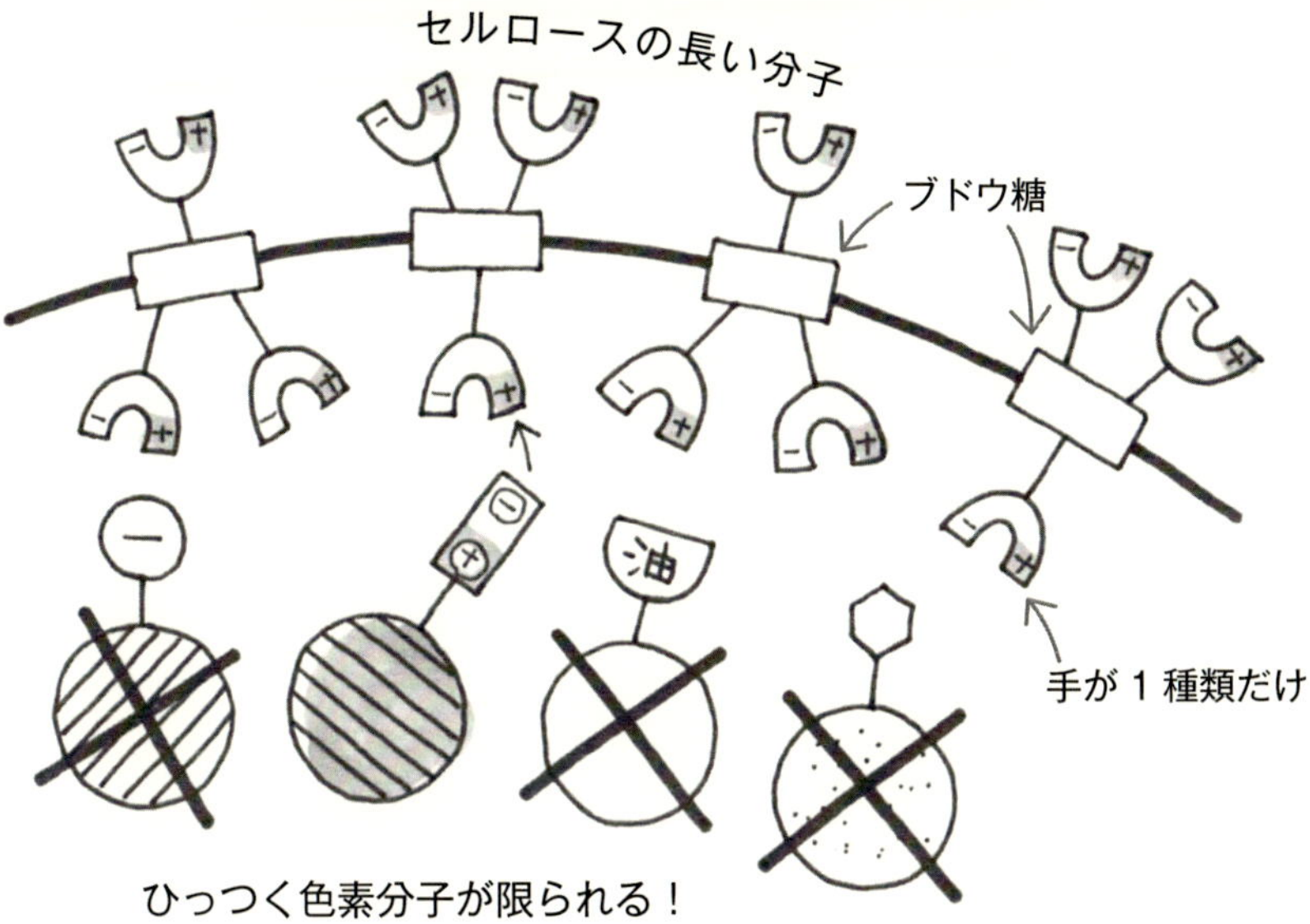

ん。ブドウ糖１個につき３つもヒドロキシ基が付いているので手の本数はとても多いのですが、なにぶんバリエーションがありません。結局、このヒドロキシ基が得意とする水素結合が色素分子とくっつくための主な方法になるので、多種多様な色素分子を相手に、バリエーションのないワンパターンの戦法で挑むセルロースにとっては、結合できる色素がおのずと限られてしまいます。そして、一般的には水素結合自体それほど堅牢なくっつき方でもないので、くっついた後も脱落する可能性が高くなります。これが、一般的にシルクに比べてコットンが染まりにくく色落ちしやすい大きな原因です。

ウールやカシミヤなど動物の毛から作る繊維もたんぱく質ですので、シルク同様染まりやすく、リネンやラミー、ヘンプなど、植物から採れる繊維はコットンと同じようにセルロースで、やはり染まりにくい性質を持っています。

同じ繊維でも、物質として全く違うたんぱく質繊維とセルロース繊維では、その染まる性質も全く違うのです。

4 天然染料と金属のカンケイ
―天然染料独特の工程、媒染のお話―

天然染料の染めをしていると不思議な場面に出会うことがとても多いのですが、その中でも最も神秘的な現象のひとつが『媒染』という工程だと思います。天然染料が持つ色素と生地や糸を同じ鍋に入れて染めるだけでも色は付いいてくれるのですが、そこに金属を仲間に入れてあげると、更に良いことがいくつも起こります。多くの天然染料は、金属のおかげで染まりやすく、色落ちしにくく、そして、彩りよくなってくれます。この、金属を使ってより良い染め色を仕上げる媒染とは何か？　今から媒染のお話をしますが、正直に申しまして、繊維と色素と金属との間で本当はどんなことが起こっているのか、よくわかっていないようなのです。ここでは、「こんな感じなんじゃない？」といった少しの想像も含めての内容になりますことをお許しください。

1．金属のおかげで染まりやすくなる

水に溶けている状態の金属のことを金属イオンと言います。この金属イオンは全てプラスの電気を帯びていますが、その電気的な力とは別に、配位結合という方法でくっつきたがっている場所を4か所、6か所と複数持っている金属がいます。この場所を「配位子」と言います。この配位子にはくっつく強さに違いがあり、力強い配位子を多く持っている金属が染色に役立つことが多いのです。

繊維側の分子にも色素側の分子にも、この配位結合でくっつきたがっている手や場所があります。もちろん繊維と色素が配位結合で直接くっついてくれるのですが、それよりも、その間に強力な配位子を持っている金属がいる方がくっつきやすいことがあるのです。その性質を利用すると、金属を使わない時よりもたく

金属のおかげで染まりやすくなる

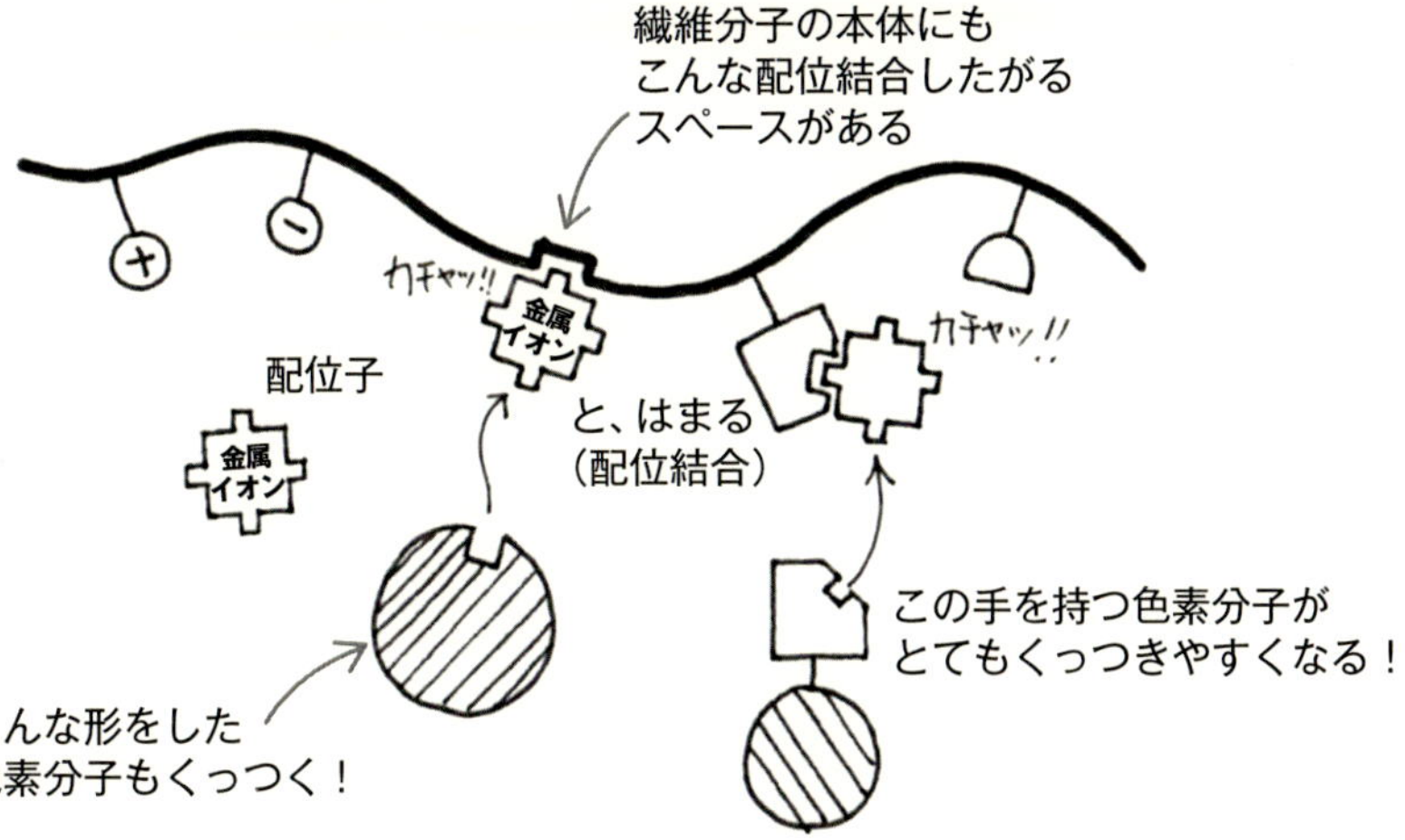

金属イオンを繊維分子に先につけると、色素分子がくっつきやすくなる（想像図）

さん色素が繊維にくっつく可能性が高くなります。

染色する前に、強力な配位子をたくさん持っている金属イオンが溶けている液(これを媒染液と言います)に繊維を浸すと、繊維に金属イオンが配位結合によってたくさんくっつきます。その後で色素が入っている染液にこの生地を浸すと、繊維にくっついた金属の余りの配位子に色素が配位結合でたくさんくっつきはじめます。言ってみれば、金属が繊維と色素の仲人役を務めてくれるのです。

アルミニウム、鉄、銅といった、強力な配位子をたくさん（4～6個）持っている金属が昔から媒染に使われてきました。難しい話はさておき、金属が溶けた媒染液に糸や布をあらかじめ浸しておくと濃く染まるというのを、先人は経験上知っていたのでしょう。

2．金属のおかげで色落ちしにくくなる

「草木はなんでも染まる？」のトピックで、繊維の分子と色素の分子の手同士がくっつくことが染色だ、とお伝えしました。ですが、これではまだ話が終わりません。色素の分子は大抵、手を複数持っており、3

金属のおかげで色落ちしにくくなる

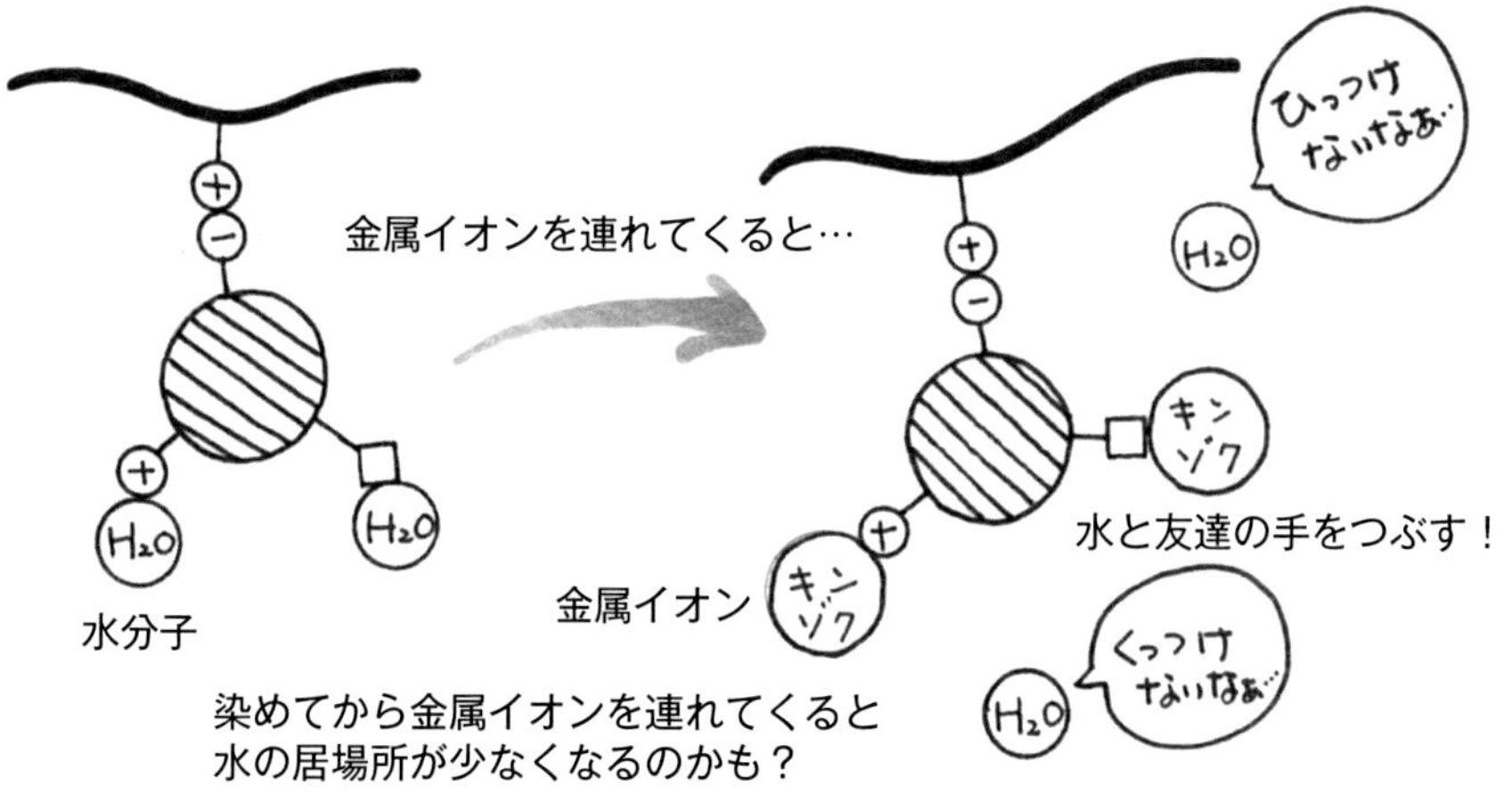

本、4本もある色素分子の方が普通です。そのうちの1本の手が繊維とくっつくのですが、他の手は大抵遊んでいます。遊んでいる手の中には、水分子とくっついたままのものがあります。水とお友達になっている手というのは少々厄介です。というのは、せっかく色素が1本の手で繊維とくっついても、水と仲のいい他の手が原因でまた水の中に引き戻されるかもしれないからです。この理由で色素分子は安定して繊維にくっついていられない可能性が高くなります。

この、水と仲良しの手の中には、金属イオンとも友達になりやすいものがいます。強力な配位子を持った金属イオンをこの場に連れてくると、水と仲良しの色素分子の手に近づき、イオン結合や配位結合で水分子を押しのけて入れ替わりにくっつくことがあるのでは、と筆者は想像しています。そうすると、色素分子に水分子がとりつく場所が少なくなり、色素は水の中でも安定して繊維とねんごろになる、というわけです。

染液で染色した後に、金属イオンが溶けている媒染液に糸や布を浸すと、浸さずに仕上げた糸や布よりも洗濯しても色落ちしにくくなります。ここにも、アルミニウム、鉄、銅といった金属イオンが活躍してくれているようです。染める前にも、染めた後にも、金属のおかげで色濃く落ちにくい染色ができるのです。

3. 金属のおかげで色良くなる

面白いことに、天然染料の染液で染めた後に媒染液に入れると、色が徐々に変わっていくことがあります。

金属の原子が持つ一番外側の電子というのはとても不安定で、なにかの拍子でこの電子の位置が変わるのですが、その時に見える色も変わってしまいます。この最も典型的な現象が、高校の化学で習う炎色反応ですね（炎色反応は光の反射特性ではなく電子の励起《れいき》による発光ですが）。この色の変わり方は、金属の種類によって違います。すなわち、金属イオンが色素にくっついた拍子に金属の一番外側の電子の位置が変わって、私たちの目に入ってくる色も変わり、その変わり方は、くっつく金属によっても違うのです。

アルミニウムはほとんど色が変わらないか、少しだけ色素本来の彩りを強くすることが多いです。鉄はだいたい暗い色に変わります。銅はブラウン系統の彩りが強くなる傾向にあります。この金属特有の彩りの変化を利用して、天然染料の持つ色素を更にバリエーション豊かにできるのが、媒染による三番目の効果です。

このように、金属を使って色濃く、落ちにくく、彩り良くするのが媒染です。そして、はるか昔から先人たちは、鉄分を多く含む泥や、アルミニウムを内部に多く持っている椿の灰や、アルミニウムを含む鉱物、明礬《みょうばん》や、使えなくなった金物を米酢などで錆びさせて作った鉄漿《かね》を使って、媒染を行い、より良い染めをしていました。

このことを考えると、天然染料の奥深さと先人の思慮深さにいつも感嘆を覚えます。

※染色の解説書では媒染という工程をもっと広い意味、すなわち染色が効果的に行われるための工程全般として位置付けているものが多くあり、定義はそれぞれです。本書では、金属を介して染まりやすく、色落ちしにくく、色が変わる工程を「媒染」と定義しました。

5 ひと筋縄ではいかない天然染料たち
―媒染ではなく他の作用で色濃く染まる草木―

植物を煮出して作ったスープを染める液に使い、明《みょう》礬《ばん》や鉄漿《かね》などの金属が溶けた液を媒染液に使い、それぞれの液に交互に浸けることで染める……。

というのが、天然染料を使った染色方法の王道です。大雑把にいえば、この方法であれば大なり小なり何らかの色が繊維に染まり付いてくれます。

ですが、媒染工程をせずとも、特殊な染め方をするとびっくりするような色を見せてくれる植物が時々います。このトピックではそんな天然染料の中で変わり者の代表格を紹介します。なお、ここで登場する天然染料の異端児たちは別のトピックでそれぞれ詳しく解説していますので、どうぞそちらも併せてご覧ください。

黄蘗《きはだ》という木の内皮（樹皮を1枚めくったところにある皮）はとてもきれいな黄色に染め上がるのですが、黄蘗の染め方はとても簡単で、内皮を砕いてコトコト煮込んだスープに糸や布を入れて染めるだけです。媒染は必要ありません。それどころか、染める前に媒染すると、かえって染まり付きが悪くなることがあります。これは、黄蘗の内皮に含まれるベルベリンという色素が天然染料の色素の中では珍しく、とても強いプラスの電気の力を持った分子だからです。この強いプラス力で、繊維のマイナスの手としっかりつかまりついてくれます。あらかじめ媒染してしまうと、金属イオンのプラスと反発して染まりにくくなる、というわけです。媒染いらずの手のかからない天然染料として、染め屋としてはとても使いやすい植物です。

藍《あい》は相当な変わり者です。コトコト煮込んで染めただけではその辺の雑草と同じような変わり映えのしない色にしか染まらないのですが、藍の葉を醗酵させた

媒染を必要としない主な天然染料

動植物の名称	使用部位	色	主成分の色素	化学染料的な分類	備考
キハダ	内皮	黄	ベルベリン	塩基性染料（カチオン染料とも）	媒染をすると色が薄くなる
クサギ	実	青	トリコトミン	直接染料	藍以外の貴重な青染料
アイ	葉を加工	青	インジゴ	建染染料（バット染料とも）	同じ働きで別種の植物が世界各地にある
アカニシ、イボニシ、レイシ	鰓下腺《さいかせん》（内臓）	紫	ジブロモインジゴ		同じ働きで別種の貝がヨーロッパ、中南米にある
ベニバナ	花弁	赤	カルタミン	直接染料	高温に弱く加熱できない
ベニノキ	種子（アナトー）	赤	ビキシン	直接染料	

り特殊な方法で沈殿物を作ったりして染料とします。すると、その中にインジゴという色素ができます。このインジゴはほとんど水に溶けないのですが、還元させると突然水に溶けだします。還元して水に溶けたところで繊維と一緒にして染め、染液から引き上げて空気中で酸化させて、元の水に溶けないインジゴに戻してあげる、という、極めて化学的なステップを経て染める染料なのです。この酸化と還元を駆使する天然染料としては他にも貝紫があります。

紅花は花弁を使用する珍しい天然染料ですが、使用部位が珍しいだけではありません。この花を煮出しただけでは黄色にしか染めつかないのですが、アルカリの液で花弁を揉み出して染液を作り、中和して染めると、綿や麻は見まがうようなショッキングピンクに、そして絹は鮮やかなオレンジに染まります。アルカリで揉み出す前に花弁をしっかり水洗いすれば、絹も綿・麻と同じくピンクに染まります。更に、染めた後に酸性の液に生地を浸けることで色が定着してくれます。このような酸とアルカリを利用した天然染料は他にアナトー（ベニノキの種子）があります。

6 ところ変われば色変わる
—生育環境に左右される天然染料の色目—

天然染料の染色は色の再現性が難しいと言われます。実際に染作業をしていて、全く同じ生地や糸を全く同じ分量の天然染料を使用して全く同じ工程で染めても、仕上がる色が変わることがよく起こります。筆者は実験室で作業をしていないため様々な要因の可能性があるのですが、いろいろチェックしてみて植物の個体差が原因ではないかと思われることが多くあります。

天然染料は全て野山や畑に生育していた植物（一部動物もあります）です。彼らも私たちと同じ生きものですから個体差があるのは当然です。そして、この個体差を生む大きな要因のひとつが、生育環境です。簡単にいえば、土地や気候が変われば同じ植物種でも違った性質になるでしょうし、同じ土地のものでも、採取した時期によって性質が変わることも多くあります。そして、植物の性質が変われば、もちろん染まる色も変わってきてしまうのです。

古代から美しい黄色を染める天然染料に刈安《かりやす》があります。イネ科の植物でススキに似ており、野山でよく見かける草で、染色には昔から近江《おうみ》刈安《かりやす》が最上とされています。これは、滋賀県の伊吹山の中腹あたりで採れる刈安のことでして、この場で採れる刈安でないと美しい黄色は得にくい、というのです。実際本当にそうでして、以前筆者が奈良県斑鳩市内で採取した刈安と近江刈安を染め比べたところ、色が全然違ってびっくりした記憶があります。伊吹山は薬草でも有名ですが、石灰岩層を持つ土質と日本海側からの季節風の通り道となる地理的環境が相まって１３００ｍの低山ながら高山植生を持ち、豊かな植物相で知られています。近江刈安の透明感のある黄色は、伊吹山の特異な生育環境が生み出してくれているのかもしれません。

島根県で紫草《むらさきそう》を栽培する方から、同じ種子を地植えと鉢植えで育てたものをそれぞれお預かりしたことがあります。これを全く同じ条件で染め比べてみたところ、鉢植えの方が濃く鮮やかな紫色に染まり、地植えの方は濁って色量も少ない仕上がりでした。紫草と一緒にお預かりした栽培日誌を見ると、地植えの方はそもそも生育が遅く枯死《こし》も多かったようです。原因はわかりませんが、同じロットの種子でもこうも違うものかと、変に感心した記憶があります。

筆者がよく利用する染料の一つに柘榴《ざくろ》の実の皮があります。中国産の乾燥チップ状態のものを使用しているのですが、輸入元の仕入れ先さんからある時「中国産のものが手に入らなくなったので北インド産のものに変わります」と連絡が来ました。これはまずいぞと思った通り、染め色が少し変わってしまいました。もちろんチップ状態では全く区別が付きません。いろいろ試して、染料を煮出すときに少し米酢を入れたら染め色が元に戻って一安心、という経験があります。柘榴の染液はもともと弱酸性なのですが、北インド産の柘榴はこれまで使っていたものに比べ少し酸度が足りなかったようです。生育環境なのか、採取時期なのか、乾燥手法なのか、その全てなのか、いずれにせよ、ところ変われば色変わる、のようです。

Column

柔軟剤でコットンが濃く染まる

シルクに比べて草木の色が染まりにくいコットン。ですが、染める前に柔軟剤加工をしてあげるとよく染まるようになるってご存知ですか？

色々なメーカーが衣類の洗濯用に販売している柔軟剤の主成分は、陽イオン系界面活性剤と言われるタイプの物質です。この物質は比較的大きな分子です。図体の大半は油とお友達になりやすい部分で、一部分にプラスの電気を帯びた部分があります。プラスの部分があるので「陽イオン」と名付けられています。

柔軟剤を溶かした液に衣類を入れると、通常は繊維のマイナスを帯びた部分に柔軟剤分子のプラス部分がくっついて、図体のでかい油とお友達になりやすい部分が柔らか効果や静電気防止効果を発揮してくれるのですが、たまに、図体のでかい油と友達になりやすい部分のほうが、同じく繊維分子にもある油部分とくっついて、プラスの部分が遊んでる、という状況も起こるでしょう。この繊維がコットンであれば、柔軟剤分子がコットン繊維の分子であるセルロースにとりつくことで、ちゃんとしたプラスやマイナスの手を持っていないセルロースになんとプラスの部分が付加されます。これによって、いつもはセルロースに寄りつかない色素分子もくっついてくれる可能性が増え、良く染まるようになります。

筆者の経験では最低でも通常の使用量の５倍くらいは使わないと効果がわかりにくいです。また、柔軟剤加工した後染める前に一度乾かすと更に効果が高くなります。ただ、柔軟剤で天然染料が濃くなるって、なにやら少しだけ残念な気もしますけど。

第2章

歴史と文化からみる天然染料

7 人が染色を始めたのはいつ頃？
―先史時代から使われていた天然染料―

フランスのラスコー洞窟やスペインのアルタミラ洞窟の壁画を見ると、私たち人間は2万年近くも昔から、身の回りの目にした事柄を色とりどりに模写せずにはいられなかったのだな、と驚くばかりです。このような洞窟壁画は、どれも岩絵の具と言われる、彩りのある鉱物顔料を砕いて粘土などと混ぜて描かれています。では、私たちが染料を使って布や糸を染め始めたのは一体いつ頃からなのでしょうか？

染まった繊維が出土した最も古い遺物は、黒海に面したジョージア共和国のジュジュアナ洞窟で発見された、3万年以上前のものとされています。この洞窟ではたくさんの亜麻繊維が見つかっており、その一部は植物染料を使ってピンクやターコイズやグレーに色付けられていました。糸や布は微生物の分解を受けやすいため遺物として発掘されることが稀で、考古学的考察が難しい人工物のひとつです。奇跡的に保存されていたジュジュアナ洞窟の繊維もさすがに布としての原型はとどめておらず、これら繊維がどのように加工されたかはわかっていません。ですが、報告によるといくつかの繊維の端は明らかに切断された跡があることから、意図を持ってこれら繊維を撚って糸にして、更にそれらを編んだり織ったりして使用していた可能性が高いと推測されています。少なくとも、三万年前には、私たちは染めた繊維を何かに使っていたようです。

人類の染色のはじまりを特定することは、人類がいつ頃から料理を始めたのか、ということを探るのと同じくらい難しいことだと思います。不可能かもしれません。ですが、推測はできます。

これは筆者の勝手な想像ですが、私たちは火を使い石鍋や土器で煮込み調理を始めたころと同時に染色も始めたのではないでしょうか。遥か昔、根菜の煮込み調理をしていた私たちの祖先が着ていた衣類の端が、鍋の中に浸かってしまいました。その根菜スープがビーツのように真っ赤だったとしましょう。彼、もしくは彼女の衣類の端も赤に染まってしまい、そんな偶然から染色は始まったのではないか、と思うのです。

そして様々な植物の煮汁で染めることを覚えたある日、お気に入りの色に染めた服を着て野道を歩いていて、ふと足を取られて転んでしまい泥の上にしりもちをつきます。その泥場が偶然鉄分の多い鉱物を含んでいたとしましょう。すると、見る見るうちに泥が付いたところだけ着物の色が暗くなってしまい、いくら洗っても元に戻りません。草木で染めた後に特定の泥を付けると色が濃くなり色落ちしにくくなる、すなわち媒染はこうやって発見されたのかな、と思うのです。

こんな風に考えると、私たちが今こうやって染色ができるのも、遥か昔の名もない素晴らしい科学者さんが、偶然の出来事を必然の技術に押し上げてくださったおかげなのだな、と御礼を言いたくなりませんか？

私たちは、こうやって染めをはじめたのかも？

スープを作ってる途中で
布が染まってしまったのかも？

鉄分の多い泥の上で転んで
媒染を知ったのかも？

8 シーザーもクレオパトラも愛した貝紫
―古代地中海世界を虜にした動物染料―

ローマ時代を冠した海外の映画やドラマを見ていると、皇帝が紫色のトーガ（ローマ時代の上着布）を纏っているのをよく目にします。そういえば、日本の映画「テルマエ・ロマエ」で皇帝ハドリアヌスを演じた市村正親さんも紫色のチュニックを着ていました。これはとても史実に忠実でして、紫色は当時のローマ皇帝など高貴な身分の人々にとても愛されていました。この紫色を染めたのは植物ではありません。天然染料としてはとても珍しい材料、海に棲む巻貝だったのです。

地中海で巻貝から紫色を染めることを始めたのはフェニキア人でした。彼らは紀元前20世紀ころから地中海沿岸各所を拠点として交易をしていた民族で、アルファベットの原型を作り広めたことで有名です。彼らは高度な航海技術を持っていましたが、他にも様々な技術を持っており、その重要なひとつが特定の巻貝の内臓を使用した紫染色技術でした。フェニキアは古代ギリシャ語でポイニーケー *φοινίκη* ですが、同じく古代ギリシャ語で紫色をポイニークーン *φοινικουν* と言います。彼らの染め色自体がフェニキア人の名前の由来かもしれない、と言われるくらいこの貝紫の染めは当時から重要な工芸技術だったのでしょう。

貝紫染めの出自に関する神話があります。2世紀にギリシャで編纂されたオノマスティコンという辞典によると、ギリシャ神話の英雄ヘラクレスが飼い犬と海岸を散歩していると、その犬が巻貝をくわえて食べ始めます。すると、見る見るうちに犬の口の周りが紫色に染まっていくではありませんか。ヘラクレスは犬の口周りを見て、犬の口が切れて血が出ているのではなく、貝そのものの色だと知って、この貝で染められる

貝紫染め発見の神話

ルーベンス「紫色の発見」

ことを見つけた、とのことです。

この神話を題材にして、ルーベンスが17世紀に「紫色の発見」という絵画を残しており、現在はフランスのボナ美術館が所蔵しています。この神話、ギリシャ人が書いたものなのでギリシャの英雄譚として語られています。ただし貝紫はフェニキア人がそのルーツというのが昔からの定説。レバノンのサレプタというフェニキアの古代都市からは、紀元前13世紀頃の陶器の破片に付着した最古の貝紫の色素が発見されていますし、この神話の本当の主役はフェニキアの神バール、もしくはメルカルトとその飼い犬だろう、というのが一般的な解釈です。ですが、アメリカの考古学者スティーグリッツはクレタ島で紫染めに使われる貝殻が大量に見つかっていることなどから、紀元前18世紀以前のミノア人が最初の貝紫使用者ではないかと論文で主張しています。神話の主役もギリシャの神に戻るかもしれませんね。

ツロツブリ、シリアツブリ、シリアツブリボラといった数種の巻貝のみを使用するこの貝紫の染色はとても特殊で（染色法は「よみがえる幻の貝紫染め、アカニシ」をご覧ください）、手間がかかること、大量の貝を必要とすること（ドイツの化学者ポール・フリードレンダーの１９０９年の報告では1万2千個のシリアツブリボラでやっと1・４gの色素が抽出できたとのこと！）、そして更には当時の他の染色に比べて色持ちが良かったため古くから重用されていました。フェニキアを代表した港湾都市ティルス（現在のレバノン、スール）の名にちなんで「ティリアンパープル（Tyrian Purple）」という名で、ギリシャやローマなどヨーロッパ全土で高貴な色とされていきます。

その後、フェニキアがポエニ戦争などを経て没落すると、貝紫の技術と価値はそのままローマに受け継がれ、ローマ時代の為政者たち御用達の色彩とされていきます。共和制ローマの最後の執政官シーザーは、ローマ内戦後の盛大な凱旋式で貝紫のトーガを纏ったと言われていますし、彼の妻だったクレオパトラも大の貝紫好きだったようで、戦いの際に彼女が乗る旗艦の帆は全て貝紫で染められていたそうです。帆船の帆を全部貝紫で染めるなんて、おそらく気が遠くなるほどの貝が使われたでしょうし、臭いもすごかったのではないかと思います。

帝政ローマ時代になってからは、貝紫は皇帝とその親族のみに限られます。第三代ローマ皇帝カリグラがモーリタニアの王が着ていた美しい貝紫のマントに嫉妬して暗殺したとか、第五代皇帝ネロは自分以外の貝紫染めを一切禁じたとか、といったような話が同時代に書かれた皇帝伝という歴史書に記されています。

時代が下がって東ローマ帝国では、王の世継ぎを「紫に生まれしもの（Porphyrogennetos）」と称するようになり、これはその後ラテン語の影響を受けた様々な言語と地域で born in the purple が王侯貴族の血筋を表す比喩に繋がっていきます。

古代の名声を一身に受けた貝紫でしたが、13世紀以降の東ローマ帝国の没落と、おそらくは特殊な染色法、そして貝紫特有の悪臭、更には乱獲による貝の減少などが重なり、赤紫の色目はケルメスで染めるカーマインやヴァーミリオンといった赤紫色にその地位を奪われていき、15世紀ころにはその役目を終え、伝説の染め色となってしまいます。地中海沿岸では様々な場所から貝紫に使われた貝殻が見つかっているそうです。

フェニキア人が活躍した古代都市の海辺を掘ってみたら、貴方も貝紫の貝塚を見つけることができるかもしれません。

ローマ皇帝もクレオパトラも貝紫が大好きだった!?

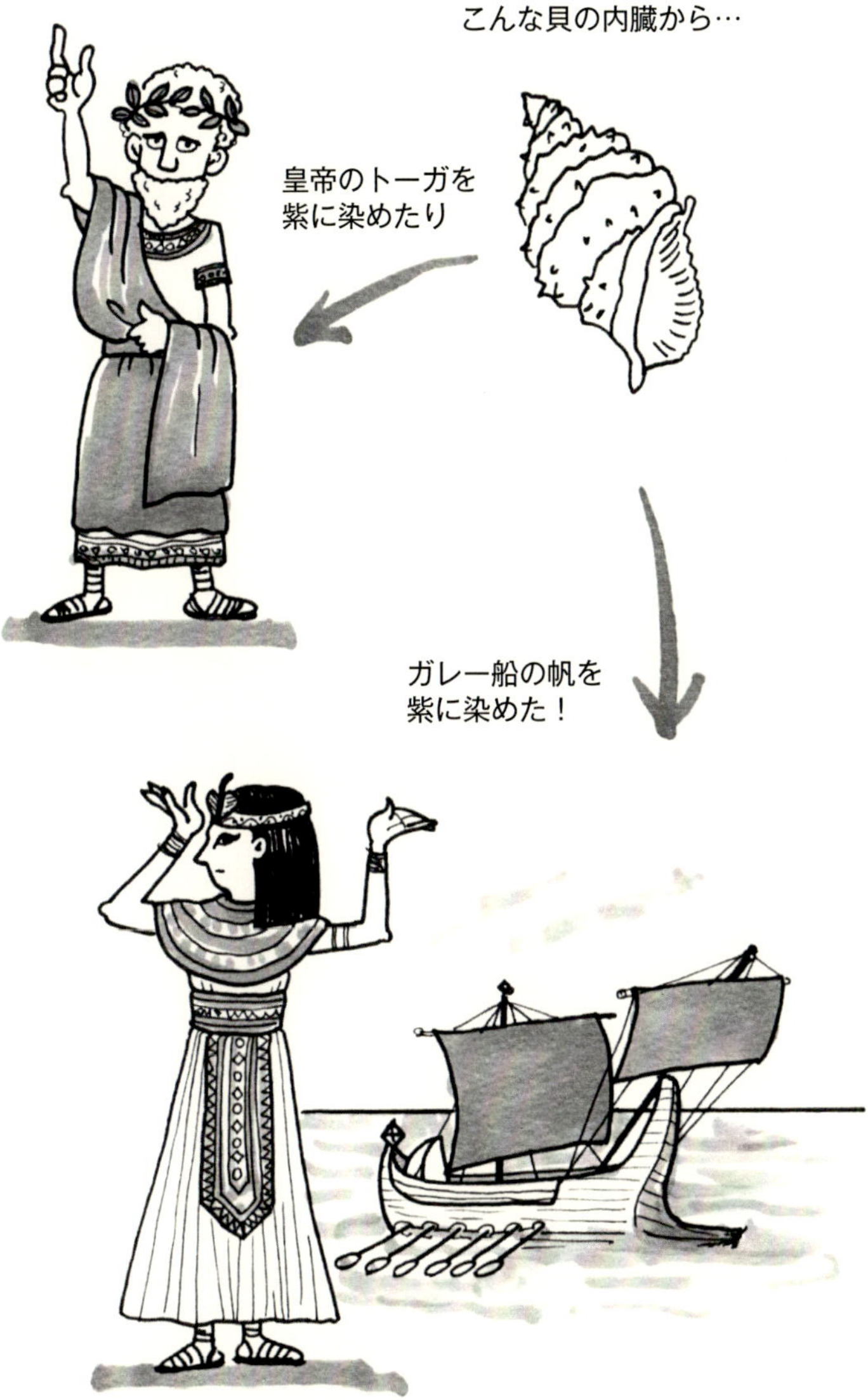
こんな貝の内臓から…
皇帝のトーガを紫に染めたり
ガレー船の帆を紫に染めた！

9 古代中国と日本のミステリアスな紫事情

—東アジアに貝紫はあった？ なかった？—

貝で染める紫が、古代の地中海世界でいかに尊ばれていたかということを「シーザーもクレオパトラも愛した貝紫」で紹介しました。では、アジアではどうだったのでしょうか？　ここでは中国と日本の紫事情についての話をします。

有名な北京の紫禁城は明の時代から残る（一度焼失していますが）王宮です。実際に訪れ、その規模と豪奢さに筆者も驚きましたが、同時に紫色の建物ではなかったことも念のため確認しました。この名の由来は、中国では古来、紫色が天に住まう天帝と関わっていることから来ているためです。

中国の古代国家「周」の第五代王である穆王《ぼくおう》（紀元前10世紀ころの王）が白昼夢で天上を訪れる話が、紀元前４００年前後に書かれた書「列子」に遺されています。記述を読むと天にあがった穆王が「紫微天帝もここにいるのだろうか」と感慨にふけっています。また、宋の時代に編纂された「太平御覧」という書物に、やはり紫微の記述があり、次のようにつづられています。

周昭王末年、夜有五色光貫紫微。其年、王南巡不返。

昭王（周、穆王の先代王）が南へ視察に出かけたまま帰ってこなかったとあり、その年のある夜に紫微を貫く五色の光があったと記されています。先ほどもあったこの「紫微」とは中国の古代天文学用語です。中国古代天文学では天空を紫微垣《しびえん》、太微垣《たいびえん》、天市垣《てんしえん》の３区画に分け、紫微垣は北極星を含む地域、天の中心区画を指します。ここに紫微大帝という天空の神が住まい、その住居を紫微宮、庭を紫微庭としています。このことから後に、紫房（太后の部屋）、紫禁城といった言葉が使われるようになります。京都御苑の御所内に現存する紫宸殿《ししんでん》もその名残で、唐の宮殿禁中にあった建物の名を天皇の居殿に使用したのでしょう。

ですが不思議なことに、周の時代より後の紀元前5世紀ころ、孔子が紫色を蔑んでいるのです。論語の陽貨に、孔子の言葉として次のように記されています。

悪紫之奪朱也、
悪鄭声之乱雅楽也、
悪利口之覆邦家者。

紫色が赤色の地位を奪うことに怒り、流行り音楽が宮廷音楽の地位を危うくすることに怒り、口だけ達者な者によって国家が覆されることに怒っています。一行目の色に関して少々解説します。中国には古くから五行思想の影響で、青・赤・黄・白・黒の5色を正色として尊んでいました。そしてこの正色を混ぜて作られる色は間色と言ってそれほど重要な色でありませんでした。赤は正色、紫は赤と青から成るので間色です。

この故事の解釈は、三行目の国家転覆への杞憂の例えとして一行目の色と二行目の音楽も挙げ、軽々しいものが正しいことを脅かすことを述べているとのこと。なにやら孔子が怒ってばかりなのですが、紫色はとるにたらない間色であるにも関わらず、正しい赤よりも当時の世間でもてはやされていたことが伺えます。

五行思想の方向と色の関係

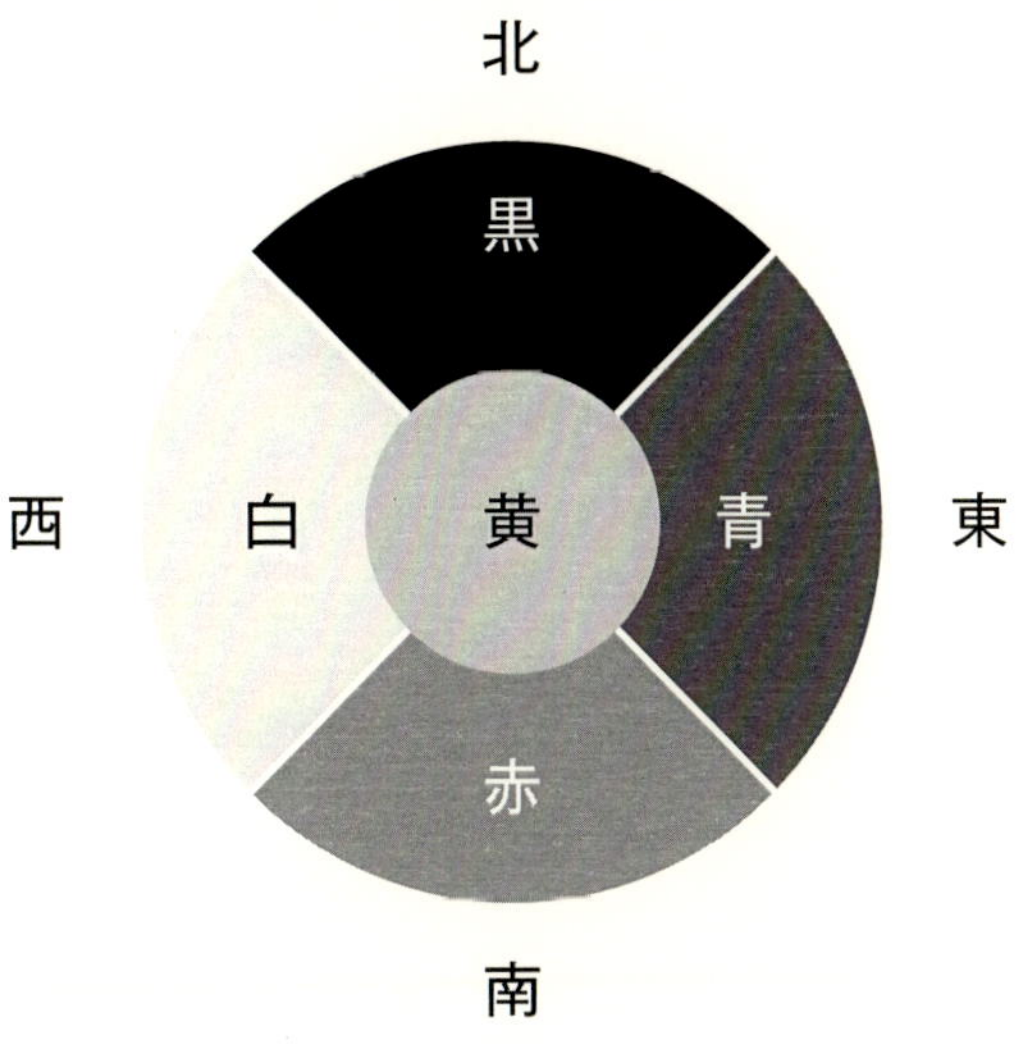

孔子の怒り具合から推察するに、古代周の時代から尊いとされていた天を表す紫は、孔子の時代の五行思想からみると重要ではない色のように見えます。孔子は古代の周国家を理想国家のひとつとしており、彼が結果として周の時代の思想に異を唱える状況になっているのも不思議議です。中国古代の思想と五行思想は違う流れなのでしょう。更に言えば、なぜ紫色と天とが結びついたのかも不明です。筆者のつたない知識ではこれ以上の考察ができません。個人的に、中国の紫にまつわる不思議な話として心に留めております。

ですが、紫を悪く言う例はこれくらいしか見つかりません。先述の通り皇帝にまつわる色として様々なところで紫は使われます。五行思想では黒が北の色ですし、紫微は天の北にあります。どこかの時代で五行思想の正色である黒が色の濃い紫と交わり、五行思想と古代中国の紫思想との間で折り合いがついたのかな、などと勝手に思っています。お寺にある五色幕が白、緑(青)、黄、赤、紫なのは黒が紫に変わったから、と以前耳にしたことがあるのですが、何か関係があるのかもしれません。

なお、貝の話題がなかった通り、中国の紫色が貝紫であるという文献や考古学的知見は残念ながら今のところありません。ただ、1965年に北京郊外で漢の時代と思われる紫色の繊維が多数発掘され、それが貝紫の可能性があるという記録があります。科学的な分析はされずじまいだったようですが、今後の新たな発見に期待したいと思います。

さて、日本です。我が国では現在少なくとも2つの確実な貝紫染めに関する情報があります。ひとつは伊勢志摩の海女の貝紫の利用です。彼女たちは素潜り漁の際に、イボニシという巻貝から色素を取りだし、セーマン、ドーマンと言われる魔除けのマークを布に描いて頭に巻いていました。これは特に神事や特別な作業というものではなく、日常のおまじないとして貝紫を使っていたようです。今も鳥羽市立海の博物館で実際に海女が使用した布を見ることができます。

そしてもうひとつは、佐賀県の吉野ヶ里遺跡から出土した貝紫で染められた布片です。弥生中期~後期の甕棺墓のひとつに入っていた絹布片の色素が、前田雨城氏らの調査により1992年にジブロモインジゴと同定されました。これにより、先史時代の日本で確実に貝紫染めが行われていたことがわかっています。

また縄文時代の遺跡、大森貝塚からは同じ部位ばかりが壊された状態のチリメンボラ（貝紫を持つアクキガイ科の貝）が大量に出土しており、フランスの染織考古学者ドミニク・カルドンはその部位が鰓下腺《さいかせん》という紫染料部分だろうと推測していますし、染織史研究家の後藤捷一氏は染色のために使用された可能性があると著書で述べています。

ですが、記紀をはじめ日本には貝紫に関する記録が一切ありません。我が国の高貴な紫色は、全て紫草によるものです。弥生時代に九州で行われていた貝紫染めは、残念ながら大和朝廷には引き継がれなかったようです。そして、突然7世紀から紫色が高貴な色として記録され始めます。記紀を見ても、神代に紫色に関する言及が一切ありません。なにがあったのでしょう。中国と同様、日本での貝紫技術の断絶と突如現れる紫文化も興味深い謎のひとつです。

このようなミステリーがなおさら貝紫と紫色の魅力を妖艶なものにしていると感じています。歯切れの悪い結語で恐縮ですが、有益な情報をご存じの方がいらっしゃいましたら、是非ご教授頂けましたら幸いです。

伊勢志摩の海女が身に着ける魔除けのマーク

ゼーマン

安倍晴明に由来するとも言われている

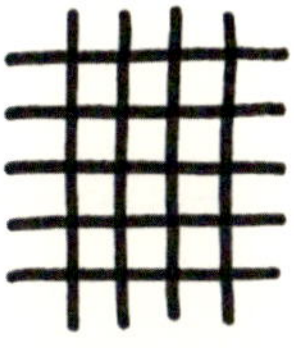

ドーマン

蘆屋道満に由来するとも言われている

10 ジャパンブルーに隠された意味
―とても珍しくて、とてもメジャーな藍―

本書では各所に顔を出す植物がいくつかありますが、その代表格が藍。それはやはり我が国の天然染料の中でも群を抜いて話題に事欠かないからでして、このトピックでは藍の歴史的文化的なお話を手短かにします。

我が国で昔から藍染めに使われているタデ科の一年草である蓼藍は、実は日本原産の植物ではなく中国から渡ってきました。おそらく古墳時代〜飛鳥時代にその特殊な染色方法と共に我が国に伝わったと考えられています。この藍が伝わるまでは、残念ながら日本には濃い青に染められる植物がありませんでした。古事記には2か所で青摺りの衣が出てきますが、「青摺り」は藍染めではないだろう、というのが一般的な染色研究家の見立てです。これはヤマアイというトウダイグサ科の草の葉を揉みこすったのではないか、という見方が優勢です。ヤマアイには、藍の色素となるインジゴがなく、葉の緑が生地に移るだけでそれほど濃い青にはならず、更に、簡単に水で落ちてしまいます。また、藍が日本に伝わった奈良時代以降、古文献には「藍」と「青摺」が別々に記載されていることから、中国から渡ってきた藍染め文化と、わが国独自の古来の染め手法を、儀式や祭事によって使い分けていたのではないかと推測されています。

藍染めと言えばなにやら日本独特の文化といったイメージを持つ方が多いかもしれませんが、そんなことはありません。藍染め文化は世界各地に息づいています。私たちの住む東アジアからインドまでの南アジアにかけた各地域、中央〜東アジア、南〜北ヨーロッパ、アフリカ、中央・南アメリカと、本当にどこも必ず藍染め文化があったのです。

藍染めに使用する植物は世界各地それぞれ違ってい

藍染め世界地図

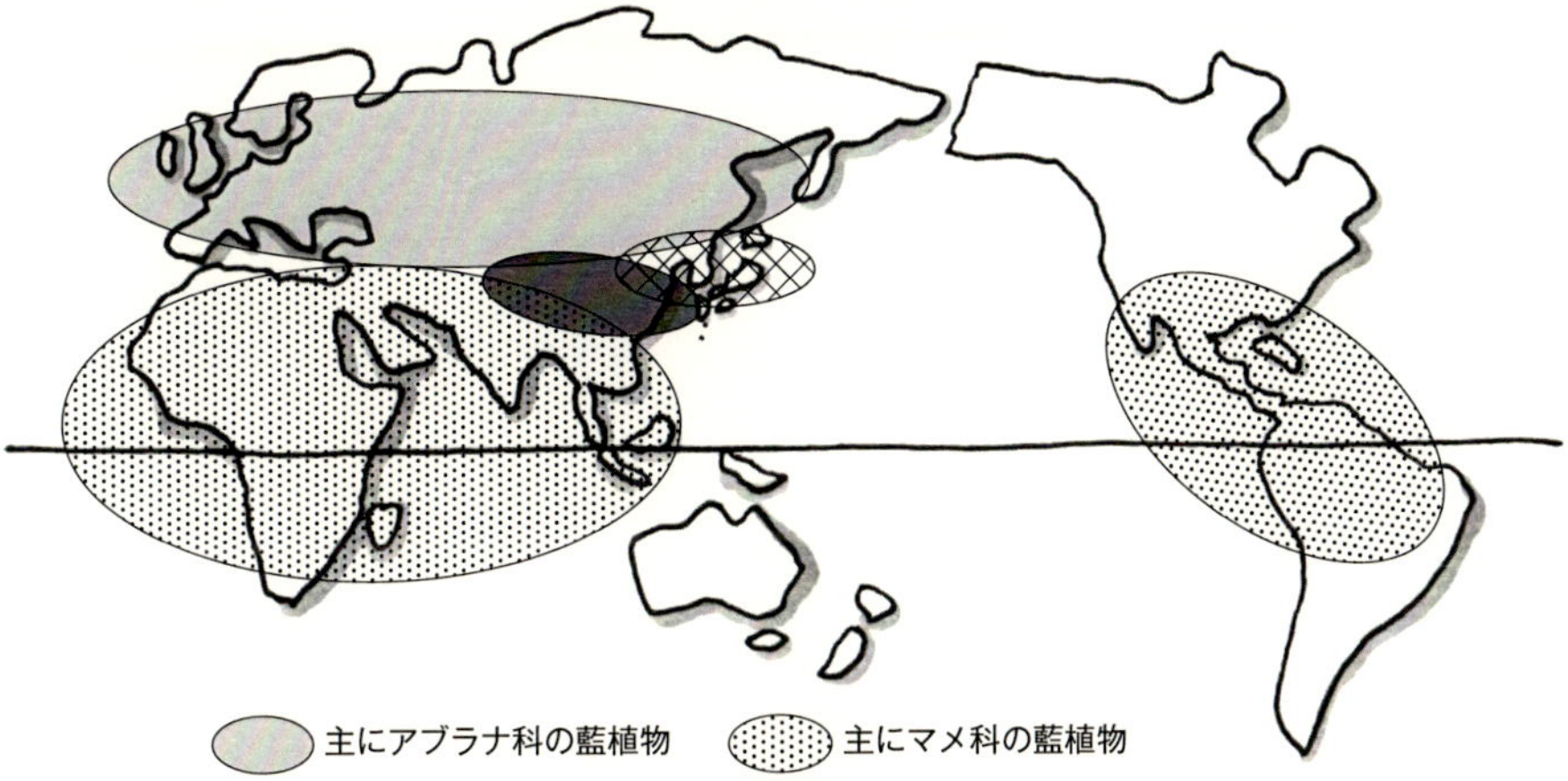

植物の種類は違うが世界中で藍染めされていた！

ましたが、面白いことに、その植物が含む色素は全て同じ「インジゴ」です。この色素は還元と酸化の工程を利用して染めるため、使用する植物は地域ごとに違っていても、色素も染め方のメカニズムも同じ。ここが藍染めの面白い、そして少々ややこしくなってしまうポイントのひとつだと思います。

6200年以上前に作られたとされる藍染めの布の遺物が、今世紀になってペルーで見つかりました。もちろん色素はインジゴです。シルクロードでつながっていたアフリカ、ヨーロッパ、アジアが同じ手法なのは頷けるとしても、人類に文明が起こってから知識伝播がなかったとされるアメリカ大陸で6千年以上も昔から同じことをしていた、というのがとても不思議だと思うのですが、これには少し理由がありそうです。

実は、植物や動物が体の中に持つ色素には、色落ちしにくく染まってくれる青色を呈するものが、ほとんどないのです。鉱物であれば銅化合物でとてもきれいな青はいくつもありますが、染料としては使えません。

ですが、インジゴという青色素、厳密に言うとインジゴになる2つ前の物質であるインジカン（この状態で生物の中にいます）は比較的ありふれた物質のようです。というのは、地球上の全ての生物が必要とするアミノ酸の1つ、トリプトファンという物質が数回化学反応を起こすとインジカンになってしまうからです。少量で短い時間であれば多くの植物が持っているありふれた物質かも知れません。このインジカンを常に豊富に持っている植物となると数は限られそうですが、人類がそれほど苦労せずとも探せるくらいの確率で世界中に生息していたのでしょう。世界中の人間が昔から青色が欲しくて、いろいろ探しているうちに、アブラナ科やマメ科、タデ科の植物など、たまたまその土地に生えていたインジカンをたくさん持っている植物を見つけ、結局どの地域の民族も藍染めに行きついていた、ということなのでしょうね。

こうして日本にも伝わった藍の文化が大きく花開くのは江戸時代です。現在私たちの衣類の主役になっているコットンが日本で本格的に栽培され始めたのは戦国時代でした。その後江戸の安定した時代にコットンが繊維素材として一気に広まります。一方、コットンという便利な素材を手に入れた民衆ですが、好き勝手に色染めできるわけではありませんでした。赤、紫、ビビッドな黄色などは高貴な人のための色。彼ら庶民がお上から許されていた染め色は、茶色系、鼠色系、そして藍染めの色でした。更にもうひとつ、一般的な天然染料では染まりにくかったコットン（「シルクとコットンでは染まり方が全く違う！」をご覧ください）が、藍だけはその逆でシルクよりも濃く染まりやすかったのです（この理由は「酸化と還元で染まる藍3」をご覧ください）。江戸時代は貴族や上流武士の文化が庶民に広がった時期で、町では多くの染めがスタートしました。その中でもコットンの藍染めはいくつもの条件が偶然重なり庶民に広く浸透していきます。

時代は下って明治初期。文明開化の一環で明治政府は欧州から多くの専門家を招聘し教えを乞います。その一人としてロバート・ウィリアム・アトキンソンというイギリスの化学者が来日します。イギリスで合成染料が開発されたばかりの当時は染料が化学での重要部門の1つだったこともあり、アトキンソン氏も染料が専門分野の1つでした。もちろんインジゴ、そしてその染め色にも興味のある人だったのでしょう。彼が

藍染めにあふれる日本にアトキンソンもびっくり？

日本に降り立ち街を見ると、藍染めを着た町衆ばかり。その統一性と様々な藍の色バリエーションに彼は驚きます。そして彼は日本の藍染め文化に敬意をこめて「ジャパンブルー」と呼んだ、と言われています。

江戸時代にコットンが流行り、それとたまたま相性の良かった藍が、更にたまたまお上からお許しを受けた色だった、という条件が手伝って花開いた我が国の藍染め文化。アトキンソン氏ほどの方であれば恐らくなぜ日本の町衆が皆藍染めだらけだったのかも調べてご存じだったのかもしれません。そのうえでジャパンブルーと愛でてくださったのかもしれません。

藍の染め色が美しい、というのももちろん重要なのでしょうけど、色と文化の関係のことを思うとそこには美だけではない様々な社会の事情が絡んできて、色彩というものがより一層魅力的な対象となることが多く、藍染めもまたしかり、と思うのです。

11 昔は藍だった紅花
―シルクロードの国々を虜にした歴史―

天然染料の中で変わり者の双頭を成すもう片方は、紅花と言っても良いでしょう。もともとはエジプトや西アジアが原産と考えられています。例えば、古代エジプト第12王朝時代のファラオの墓から紅花で染めたとされる布が発掘されています。そしてシルクロードを渡り、その特殊な染めの方法（染色法に関しては「酸とアルカリを駆使する紅花」をご覧ください）と共に、我が国に渡ってきたようです。

２００７年、奈良の纏向《まきむく》遺跡の３世紀前半とされる埋土から紅花の花粉が大量に見つかった、と奈良県桜井市教育委員会が発表しました。紅花染めの際には花弁の花粉が残滓として大量に出ます。おそらくこの地で3世紀前半から紅花染めをしていたのでしょう。それまでは藍と同様に古墳～飛鳥時代に日本に来たのではと思われていた紅花が、卑弥呼の時代にすでに我が国にもたらされていたようなのです。魏志倭人伝に書かれている、卑弥呼が西暦２４３年に魏国に送ったとされる絳青縑《こうせいけん》（赤や青の絹布）の赤布は、この紅花で真紅に染められていたのかもしれません。

中国渡来の染料であった紅花は、萬葉集で34首の歌に「くれなゐ」として出てきます。ほとんどが紅の1文字で表されていますが、「呉藍」と書かれた歌が1首残っています。実はこの時代、紅花はもともと呉藍と表現されていました。当時、中国全体を呉と表現することが多く、中国から渡ってきた藍という意味で「呉の藍」くれのあい、これが縮んで「くれない」となったようなのです。では、なぜ紅花が藍なのでしょう?

中国で紅花の名を表す一つに紅藍花というのがあります。例えば、西暦2～3世紀の中国の医学書「金匱《きんき》要略《ようりゃく》」に、様々な婦人病に紅藍花を浸けた酒が良いと

紅花もシルクロードを通って日本にやってきたのかも？

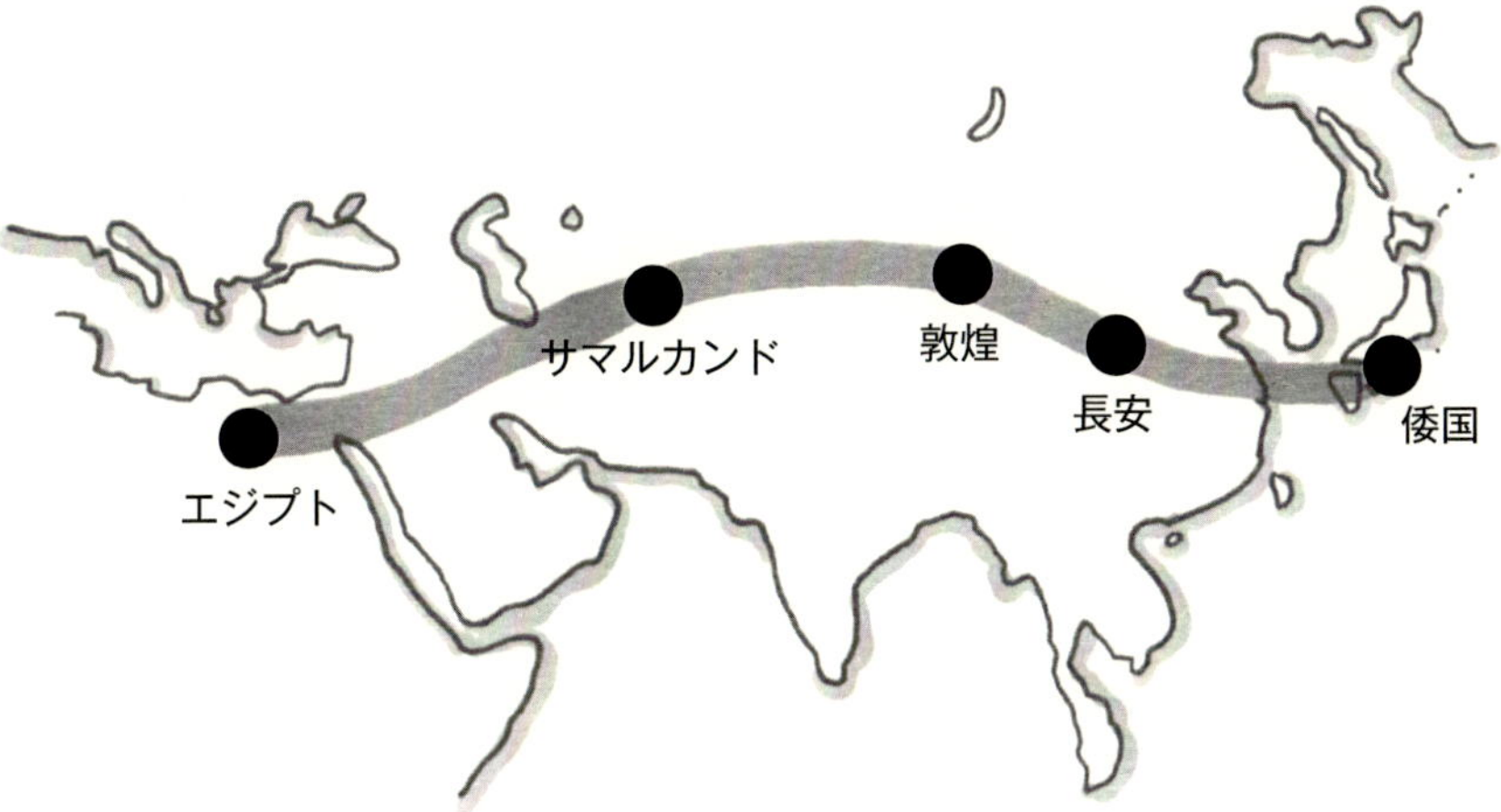

記されており、この時代にすでに紅花のことを紅藍花と表現しているのです。藍はご存じの通り藍染に使う植物です。漢字辞典を調べると青を染める草となっていますが、色は違えど、紅花も藍のように見事に染まるので、優秀な染料、といった意味で、外国からもたらされた紅花にも使われるようになったのかもしれません。いずれにせよ、中国で藍と呼ばれたふたつの植物がどちらも日本に入ってきて、ひとつは青を染める草として、もうひとつは紅を染める花として、どちらも後々大変重要な位置を占める染料として重宝されていくわけですね。

ところで、焉支山《えんじ》という山が古代敦煌の近くにありました。この山の麓が当時の紅花の産地だったようです。この地域はシルクロードの通り道。その昔、前漢の軍と匈奴《きょうど》という騎馬民族がはげしい戦いを繰り広げた地域でして、紀元前121年、武帝の時代に、前漢がこの地で匈奴を打ち破り、匈奴は焉支山を失います。その時に匈奴軍が悲しみにくれて、

「祁連山《きれんざん》を無くして家畜を育てられなくなり、焉支山を失って女たちの顔をきれいにしてあげることができ

なくなってしまった……」

と唄ったと、唐時代の「史記索隠」に記述があります。紅花の産地だった焉支山を漢の武帝に取られたことで、紅花から紅をとって女性にお化粧させてあげられなくなった、というのです。その悲しみがいかほどのものだったかはさておき、この時代、すでに中国では紅花から色素を抽出して女性の化粧に使うことが当たり前だった、家畜を育てることと同じくらい生活で重要な役割を果たしていた、ということですね。

当初は中国からの輸入だった紅花も、その後国内で栽培され始めます。例えば927年に編纂された国の施行細則法律集である「延喜式《えんぎしき》」には、近畿だけでなく中国、山陰、東海、北陸、関東など多くの地域から紅花を納めるよう定められています。平安時代の紅花の染め色については別のトピック「紅花は平安貴族の無駄遣いの元凶だった?」に譲るとしまして、高貴な染め色、そして貴重な化粧品としての紅を取るために、紅花は重要な農作物資源として、その高い地位は不動のものになっていきます。

その後、時が下り江戸時代には最上川流域が紅花の国内一大産地となります。山形が紅花の有名な産地となった理由は、京や江戸などの消費地から比較的離れていて人件費が安く済む割には、川と海を使えばそれほど輸送コストがかからないこと、エジプトや西アジア等、もともと寒暖差の激しい地域生まれの植物で、山形盆地の内陸性気候が紅花に適していたことなどが考えられています。この地に紅花がもたらされた説の中に面白い話があります。上総国《かずさのくに》(今の千葉県あたり)に平安時代からこの地を治めていた長南氏という一族がいました。彼らは紅花を育て朝廷に納めていました。長くこの地で暮らしていましたが、15世紀から戦国時代にかけての地域紛争で散り散りになります。そのグループのひとつが、紅花の種を持って最上川流域で栽培を始めた、というのです(「長南氏歴史物語」による)。実際に、千葉県には今も長南町という地名がありますが、長南という苗字の人は山形県下が圧倒的に多く全国1位(全国約5400人中、山形県約1300人、千葉県約350人。名字由来net調べ)。上総の長南さんがたくさん山形に逃れて得意の紅花栽培を始めたとしてもおかしくなさそうですね。

紅花はお化粧にも着物にも使われた

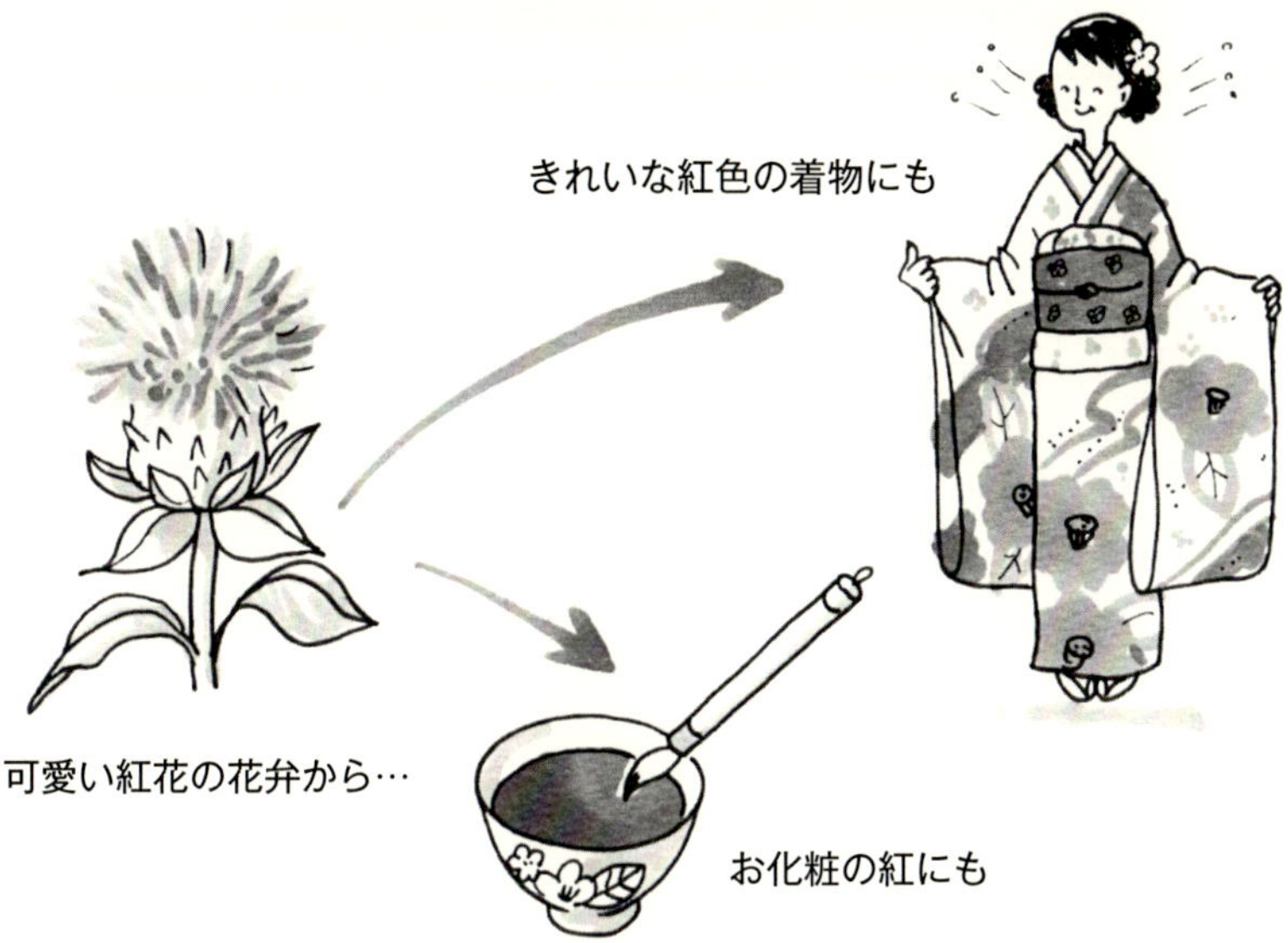
きれいな紅色の着物にも
可愛い紅花の花弁から…
お化粧の紅にも

江戸時代に国内最大の紅花産地として長く栄えた山形ですが、明治以降に海外から輸入される合成染料や顔料により真っ先に打撃を受けた紅花の価値暴落のために、紅花栽培は明治時代にほぼ見限られてしまいます。しかし、細々と紅花栽培は続けられます。昭和天皇の即位の際に皇室に染料として献上され、戦時中に栽培が禁止されるも戦後に出羽地区の農家さんが種を見つけ栽培を復活させます。現在も山形県下で数十軒の農家が毎年紅花を育て、少ないながらも上質の紅花染料「紅餅」を作ってくださっています。

植物分類学上同じベニバナでも、山形産のものから作る紅餅と中国産の油採取用のものの乾燥花弁とでは含まれる色素量が違います。筆者の染色作業中での経験値ですが2倍～3倍程度違うように感じます。これは山形に江戸時代から伝わる紅餅の加工技術の高さと、更にはおそらく色素量を多く持つ品種の改良が最近までされていたからではないかと思います。一時の栄華はなくなりましたが、古来愛され続けたこの紅の色を、できるだけ永く後世にも伝えていきたいと、いつも思っています。

12 紅花は平安貴族の無駄遣いの元凶だった？

―唯一無二の赤を染めた貴重な染料―

紅花は世界中で重用された天然染料だと「昔は藍だった紅花」でもお話ししました。では、なぜ紅花はそれほどまでに愛されたのでしょうか？

想像するに、理由のひとつは紅花の染め色が赤系統の色だからだろう、と思います。赤は洋の東西を問わず古くから極めて重要な色彩のひとつです。ラスコーやアルタミラなど先史時代の壁画で炭の黒を除いて最もよく使われている色彩は赤ですし（これは酸化鉄系の鉱物が最も手に入れやすい顔料だからという理由もありそうですが）、古代の文明をそれぞれ特徴づける色彩にも必ず赤は含まれています。勝手な推測ですが、これはおそらく、太陽の色、そして多くの生物の体液の色、血を表すからではないかと思います。太陽も血も自然と生命の源のイメージに繋がります。赤は、生きとし生けるものの根源を代弁する色彩なのかもしれません。ちなみに本来太陽は私たちの色感覚で言えば黄色です。でも燦々と黄色に輝いている状態の太陽は明るすぎて直視できません。ですが太陽が地平線近くまで傾くと太陽光は昼間よりも地球の大気の層を長く通り、波長が短めの光は空気に反射してしまい地表まで到達できません。光の量がぐっと減り、私たちの目に赤く見える波長の長い光しか届かなくなるので、適度な光量の赤い太陽が私たちの目に映るのですね。

２つ目の理由は、紅花の色が他の草木の赤に比べて格段に鮮明な色だからだろうと思います。私たちの工房で紅花染め教室を時折開催するのですが、ご自分で染めたピンク色を初めて見る参加者は、あまりの鮮やかさに皆さんびっくりされます。天然染料の色と言えば大抵は少しくすんだ色目が多いのですが、この紅花染めのピンクは、濃く染めると華やかなショッキングピンクです。現代であれば合成染料を使うことでショッキングピンクを染めることも可能ですが、草木でしか染めることのできなかった昔は、このような彩度の高い赤系統の色を染めるにはこの紅花を置いて他にはなかったのだろうと思います。一度目にすると誰もが忘れられなくなる紅花の真紅は、どの地域でも、どの時代でも、人々の美的感覚に激しく訴えかける色彩だったのでしょう。

中国から日本にもたらされた紅花も、世界の例に漏れず我が国の貴族たちを虜にします。

くれないの　八塩《やしお》の衣　朝なさな　馴れはすれども
いやめずらしも

萬葉集にある歌です。八塩とは8回という意味で、何回も染め重ねた、という強調で使われています。何回も濃く染めた紅の着物というものは毎朝見て馴れたようでもますます代えがたき美しさ、そしてそれはあなたのことよ、といった歯の浮くような歌ですが、得難く飽くことのない強い恋心ほどに紅の赤は美しい、ということなのでしょう。

927年に編纂された延喜式《えんぎしき》という平安時代の国の施行細則法律集の衣服に関する章、縫殿寮《ぬいどのりょう》に、37色分の染色材料リストが掲載されています。その中にある紅花で染める韓紅花《からくれない》という色を見ると、

綾一疋　紅花大十斤　酢一斗　麩一斗　藁三圍　薪一百八十斤

と書かれています。綾とは当時の有職文様柄が織られた絹地、一疋は巾約60㎝・長さ約12ｍの反物、大十斤とは今の重さで約6・8kg（当時の斤と近代の斤は度量衡が違います）。酢、麩《むいかす》、藁や薪についての話も面白いのですが今回は割愛しまして布地と紅花だけの話をしますと、絹の反物を1巻き染めるだけでなんと乾燥した紅花花弁を7kg弱も使うのです。筆者の経験上、1回の染めに使う紅花の花弁はせいぜい1kg前後。それ以上はかえって効率が悪くなります。なので、最低でも7回か8回は染めているわけでして、前述の「くれないの八塩」も大げさでもなんでもなく当時の濃い

紅染めはとても手間のかかる作業だったのです。ですが、かかるのは手間だけではありませんでした。

延喜式が完成する少し前の914年4月、三善清行という地方国司の学者さんが当時の醍醐天皇に「意見封事十二箇条」という政治意見書を提出しています。ここには地方行政の刷新と中・下級役員の処遇改善及び定員是正等の具体案が盛り込まれ、後の政治施策に影響を与えるほどの優れた提案書ですが、そこには上級貴族の過度な華美豪奢ぶりに対する苦言も述べられており、その一例として、

「染二紅袖一者費二其萬銭之價。」

紅の服を染める者は幾萬ものお金を浪費している、とたしなめ、この無駄遣いこそが国の財政を圧迫している、と批判しています。当時のお金持ちの貴族が無駄遣いをしてでも紅の着物を手に入れたがったことが容易に想像できます。

そしてこの意見書が提出された二か月後、紅花で濃くも薄くも染めた服を禁止する旨の発令がすぐさまなされ、更に4年後の918年3月には、より具体的な数字を盛り込んだ以下の禁止令が出ます。

「仰下検非違使自二来月一日一可レ制二止火色一之由。但以二紅花大一斤一爲下染二絹一匹一之色上。給二本様。」

（来月一日から赤色を取り締まるように検非違使（当時の警察のような部署）に伝える。ただし絹1疋につき紅花大1斤を使う程度ならOK。その色見本を配る。）

と、色見本と高価な紅花の使用分量の目安まで掲げて取締りを始めるのです。この、絹1疋につき紅花1斤の染め色が後に「一斤染《いっこんぞめ》」と言われるようになります。また、一斤染より薄めの色は「聴色《ゆるしいろ》」と呼ばれ、源氏物語や栄花物語など様々な場面で使われるようになります。延喜式に記載の韓紅花に比べれば十分の一の使用量ですが、それでも他の赤とは違ってやはり美しかったのでしょう。

染料の具体的な使用分量やお上からの禁令が出自の色名は珍しいのですが、それも紅花の色彩があまりに鮮やかで妖艶だからなのでしょう。筆者も紅の濃い染め色を見るたびに、平安貴族たちが辛抱できずに無駄遣いをしてしまった気持ちがわかる気がするのです。

平安時代の主な紅花染めの色名と紅花使用分量

色名	紅花使用量	解説
韓紅花（からくれない）	約 6.8kg	最も濃い色 ※綾 1 疋用の分量、延喜式より
中紅花（なかのくれない）	約 840g	中程度の濃度。一斤染より濃い色 ※貲布 1 反用の分量、延喜式より
一斤染（いっこんぞめ）	約 680g	これより薄い色であれば使用を許された紅の色 ※絹 1 疋用の分量、日本紀略より
退紅（あらぞめ）	約 110g	かなり薄めの色。少し黄味がかっていたかもしれない ※帛 1 疋用の分量、延喜式より
黄丹（おうに）	約 7.1kg ※紅花の他にクチナシも使用	クチナシで染めた後に紅花で染めるオレンジ。皇太子のみが着用できた特別な色 ※綾 1 疋用の分量、延喜式より

平安時代の文学にみられる聴色

源氏物語 総角 （あげまき）	聴色の氷解けぬかと見ゆるを、いとど濡らし添へつつ眺めたまふさま、いとなまめかしくきよげなり。	聴色の薄紅のきものを涙で濡らしてるこの方を見ると…[1]
源氏物語 末摘花 （すえつむはな）	聴色のわりなう上白みたる一襲、なごりなう黒き袿重ねて、表着には黒貂の皮衣、いときよらに香ばしきを着たまへり。	聴色のような薄紅がいっそう白けたものを重ねた上に、なにやら黒ずんで見える袿を着て…[1]
落窪物語	ゆるし色のいみじく香ばしきを、「君にかたづけたてまつらむ」とて女君にうちかけたまへば…	たいそう良い香りをたき込めた聴色の着物を「あなたに差し上げましょうか」といって、女君におかけになると…[2]
栄花物語	その日の儀式有様など、いへばおろかなり。皆紅に葡萄染の表着、柳の唐衣、色聴されたるは二重織物、…	当日の儀式のありさまなどは言いつくせるものではない。みな紅のうちぎに蒲萄（えびぞめ）の上着、柳の唐衣である。禁色の着用を許された者たちは皆二重の織物を…[3] ※この場面は、聴色を着るのではなく、特別に濃い紅色などを着ても良いと許された貴族となっている

1）「新編日本古典文学全集　源氏物語」小学館
2）「日本古典文学全集　落窪物語・堤中納言物語」小学館
3）「新編日本古典文学全集　栄花物語」小学館

13 江戸時代にはすでに謎だった古代の染め

―最高の染色技術を誇った古代の染め師―

「正倉院展」と聞いただけでわくわくされる方も多いかと思います。８世紀以降の国内外の各種工芸品、薬物、古文書の数々が保管されている東大寺正倉院宝物の中から、選りすぐりの数十点を毎年展示披露するこの特別展、筆者も必ず足を運び、毎年その数々の至宝の完成度の高さに感嘆を覚えます。例えば平成27年展示の赤色縷《る》。奈良時代の祭儀用に染められたロープの色が、驚くほどの彩りで今も赤々と輝いています。また例えば平成29年展示の紫色の経帙《きょうちつ》（経典を包む織物）。千年の時を経てなお重々しく深い紫色を残しています。その輝かしくも深い色彩の洪水に目を奪われながら、同時にどのように染めれば窒素ガス保存もせずに10世紀以上もこれほど美しい色を残すことができるのだろうと心底不思議に思うのです。そして更に、１３００年前の作り手と比べ自分の技術と制作意識の低さに打ちひしがれ、更なる研鑽を積むための、年に一度のカンフル剤となっています。

奈良の中宮寺に天寿国繡帳《てんじゅこくしゅうちょう》という織物が残っています。聖徳太子の妃、橘大郎女《たちばなのおおいらつめ》の願いにより、亡くなった太子の暮らす極楽浄土の世界を綴るために7世紀に作られ、現在は国宝に指定されているこの作品、古代の刺繡技術の高さをうかがわせる第一級の裂ですが、それとは別に染めの側面から見ても極めて興味深い点があります。作品を見ると、鮮やかな赤・緑・黄・黒の色彩が残っている人物像と、経年劣化で残念ながら色褪せて茶色やベージュに変色した人物像とがあります。これ、実は鮮やかなほうが古いのです。色彩が残っている人物像が7世紀につくられた部分で、色褪せてしまっているのは１２７５年に中宮寺の当時の尼僧信如の命により京都で修復・追加された部分なのです。

天寿国繍帳（一部）

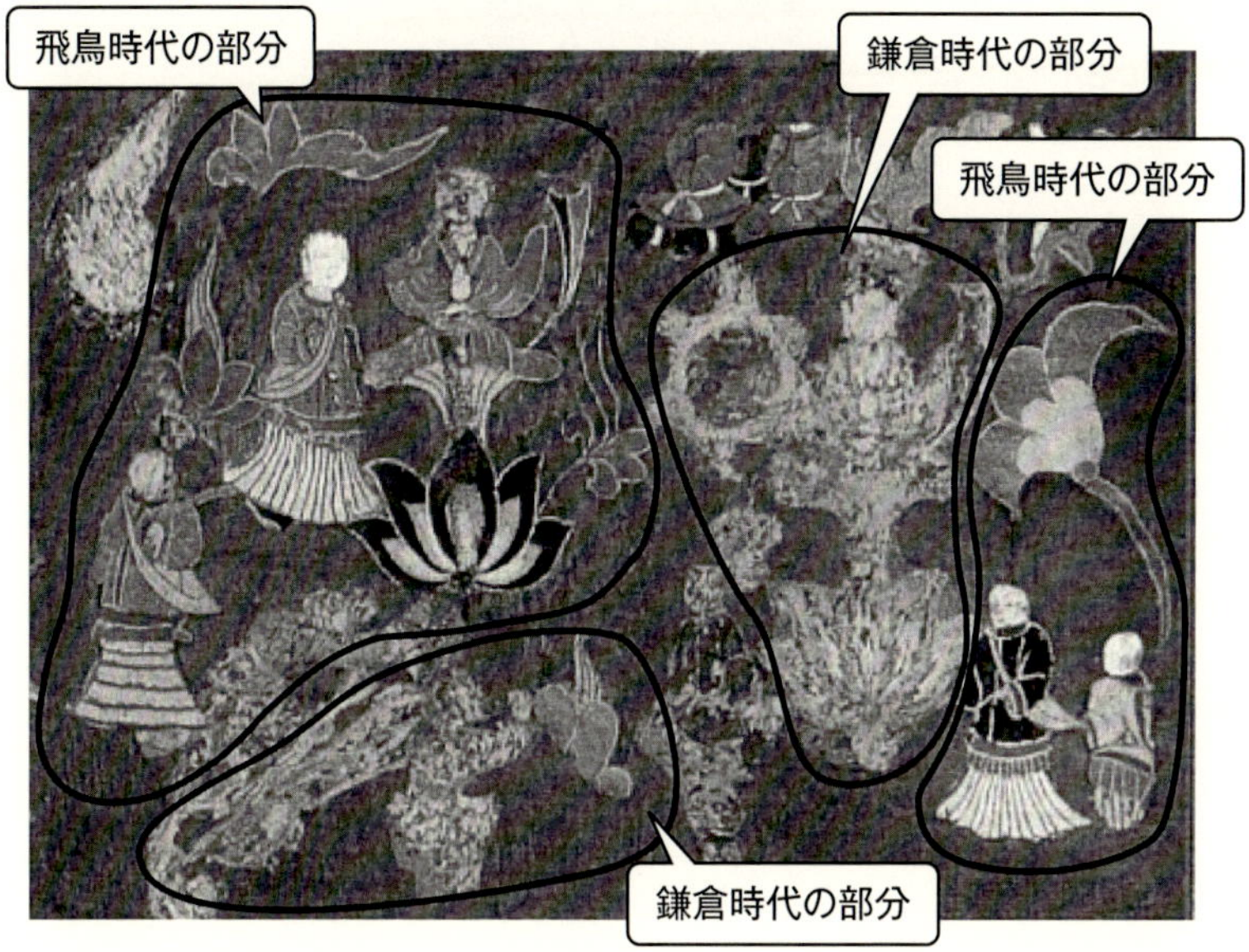

刺繍の技術については7世紀のオリジナルよりも13世紀の修復・追加部分のほうが様々な技法で刺されているのですが、染色については、驚くべきことに今から１４００年前の色のほうが、７００年前の色より堅牢なのです。染めの復元・修復作業の場合はオリジナル部分に色を合わせることが最重要であり、色の濃度を優先して染色回数や時間を制限して色褪せしやすい仕上がりになる可能性もあります。ですが記録によればこの作品に関しては信如が新たに作り加えた部分もありますので、鎌倉時代の染色技術が惜しみなく使われた色糸もあったのではないかと思います。にもかかわらず飛鳥時代につくられた部分だけが色鮮やかに残っているというのは、鎌倉時代の染色技術よりも飛鳥時代の染色技術の方が高度だったのではないかという推測に繋がりますし、更に言うと、その高度な技術は時を経て残念ながら鎌倉時代にはすでに失われていたのではないかとも思えるのです。

律令政治の施行細則集として醍醐天皇の命により９２７年に編纂された延喜式《えんぎしき》は、当時の宮廷文化を知る上で貴重な資料として有名です。全国の神社リストや官人の勤務時間から酒や酢の作り方まで様々なことが書かれています。服装についても縫殿寮《ぬいどのりょう》という装束に関する規則集があります。そこに雑染用度《くさぐさのそめようど》という単元があり、37色分の宮廷染色レシピが記されているのです。ただ、レシピと言っても染め方は書かれていません。染めるアイテムの名称、植物名、助剤、最後に加温のための薪がそれぞれ分量と共に記されています。試しに図の☆印の部分を読んでみましょう。「綾（有職文様の織柄入り絹地）1巻きを深緋色《こきあけ》に染めるのに、茜《あかね》を大40斤（約27kg）、紫草を大30斤（約20kg）、米を5升（約2・2升）、灰を2石（約157L）、薪を840斤（約567kg）」とありますね。まず驚くのがその材料の多さです。この時代の染色は大量の植物が使われることが多くあります。おそらく何回も何回も染め重ねたのだろうと思います。そしてそんな手間がかけられたのは、今の私たちの時代とは違い、当時の材料と技術と作品は全てごくごく一握りの貴族のためだけに存在していたので、コストパフォーマンスといったことを考える必要がなかったからなのかもしれません。そして今ひとつは、材料名と分量の記載のみで解説がなく、不明なことだらけ、ということです。例えば灰は何を燃やしたのか、というのがこの記載だけではわかりません。これは椿やヒサカキの灰のことです。延喜式と同時代に編纂された百科事典、和名類《わみょうるい》聚抄《じゅうしょう》にヒサカキと椿の灰は染めに有効と書かれており、そこからこの不親切な記述の真意がわかります。ですが、今もわからないままなのが米です。茜を使うときにだけ記載のあるこの米は、古代染色技法の謎の材料としてこの業界では有名です。黄色系の櫨《はぜ》と併せて使うときには米の記載がないことから、茜の中の黄色を除くための助剤ではないかと考えられており、様々な使用法が複数の研究家や学者によって試されています。この他にも、紅花を使うときに記載のある麬《むいかす》、藍と乾藍の違いなど、この日本最古のレシピにはミステリアスな側面がいくつもあり、染めに携わる人たちの研究意欲を一層掻き立てています。

江戸時代の八代将軍吉宗も、この延喜式レシピの謎に取り組んだ一人です。平安時代の有職に重きを置いていた吉宗は、当時すでに忘れ去られた古代の染め色を復元させるためにわざわざ城内に染殿を作り雑染用度の技法研究を命じました。成果は式内染鑑《しきだいそめかがみ》として今に残り、私たちも読むことができます。徳川実紀によるとこの研究は大きな成果を収めたとのことですが、染鑑を見ると報告当時は貼られていたという生地見本がなく、復元色を確認することができません。また、理由不明の分量変更（2か所）や、適切な解説なしに染料を省くなどの気になる点があります。染色工程や助剤に関する考察もありません。染鑑を見る限り、将軍指示の一大染色プロジェクトは何とか20色分の色見本までは作ったが、結局わからないことが多いまま終了してしまったのでは、というのが個人的な推測です。この時代すでに延喜式編纂から700年以上経っているわけで、古代の染色技術は絶えて久しく、失われた高度な技術はベールをかぶったまま現代を迎えた、ということかもしれません。

正倉院宝物や法隆寺宝物、そして時折展示で目にする古代裂の数々は、千年以上を経てなおも色濃く残るものが多くあります。「千年持つ色を染めてください」と言われても、筆者には引き受けられる技術と目途が全くありません。古代の染め師には脱帽しきりです。

タイムマシンがあれば、真っ先に古代の染め場に飛んでいきたい、といつも思っています。

延喜式巻十四縫殿寮より抜粋（国史大系より）

延喜式卷十四　縫殿寮　五百十

五合。灰五斗。薪六十斤。羅一疋。用度同レ帛。綾紗一疋。紫草五斤。酢六合。灰一
十斤。纈帛一疋。紫草五斤。酢一升。灰二斗五升。薪六十斤。絲一絇。紫草五
灰一斗。薪三十斤。貲布一端。紫草七斤。酢八合。灰一斗八升。薪六十斤。
草七斤。酢六合。灰一斗五升。薪六十斤。
深滅紫綾一疋。紫草八斤。酢一升。灰一石。薪百廿斤。帛一疋。紫草八斤。
石。薪百廿斤。絲一絇。紫草八斤。酢二合。灰三斗。薪九十斤。
中滅紫綾一疋。紫草八斤。酢八合。灰八斗。薪九十斤。帛一疋。紫草八斤。
斗。薪九十斤。絲一絇。紫草七斤。酢一合。灰一斗五升。薪廿斤。
淺滅紫絲一絇。紫草一斤。灰一升。薪三斤。
深緋綾一疋。綿紬絲紬東絁亦同。茜大卅斤。紫草卅斤。米五升。灰三石。薪八百卌斤。
廿五斤。紫草廿三斤。米四升。灰二石。薪六百斤。貲布一端。四丈。茜大十六
斤。米三升。灰一石五斗。薪三百六十斤。葛布一端。茜大七斤。米八合。灰
斤。紫草七斤。
淺緋綾一疋。綿紬東絁貲布亦同。茜大卅斤。米五升。灰二石。薪三百六十斤。帛一疋。
米四升。灰二石。薪三百六十斤。葛布一端。茜大十斤。米一升。灰四斗。薪九
深蘇芳綾一疋。蘇芳大一斤。酢八合。灰三斗。薪一百廿斤。帛一疋。蘇芳

14 温泉で作られた江戸時代の媒染剤

―別府温泉とミョウバンの話―

天然染料による染色は、藍や紅花、黄蘗など一部の例外を除けば「天然染料と金属のカンケイ」で話をしました通り媒染という作業が必要です。金属イオンを使って、天然染料の色素を染めやすすく、落ちにくく、そして彩り良くするのです。この彩りに関しては、使用する金属イオンの種類によって色が違うので、狙った色にするためにはそのチョイスが重要になります。例えば、茜できれいな赤色に染めたくても、鉄イオンを使って媒染してしまっては薄暗い色になってしまいます。茜の赤や刈安の黄色、そして紫草の紫色のように、もともと植物が持っている色素をそのまま活かしたい時は、彩りがあまり変わらないアルミニウムイオンが最適です。このアルミニウムの助けを借りるために昔から世界中で使い続けられてきた最も有用な媒染剤のひとつが、ミョウバンという物質です。

ミョウバンとは、化学用語の定義で言うと「一価と三価の陽イオンを持つ硫酸複合塩の12もしくは24水和物」となります。まぁそんなややこしい話はさて置き、一般的には硫酸カリウムアルミニウムや、硫酸アンモニウムアルミニウムを指します。現在私たちの身の回りにあるミョウバンは工業的に合成されている薬品ですが、硫酸カリウムアルミニウムはもともと鉱物として山から採れるものです。今でもインドやパキスタンなど南アジア地域では山から採掘した天然のミョウバンが「フィトキリ（地域により発音が変わります）」という名称で普通に流通しています。

大陸のほうではこのミョウバン鉱が豊富にあるようなのですが、日本は昔からミョウバンの産出があまりなかったようなのです。日本にはミョウバン鉱が少ないという直接的な資料を発見できないのですが、例えば神代から887年までの我が国の主な出来事が記述されている、日本書紀から三代実録までの全文検索を試みても、ミョウバンが天皇に届けられたのは698年に近江国から、713年に相模国および讃岐国から、の3件のみです。比較が適当かどうかわかりませんが、697年から791年の100年弱の記録である続日本紀に書かれている白鹿（4件）や白雉（11件）が見つかったという珍しい吉事より少ないのです。

また、927年に編纂された延喜式を見ても、ミョウバンを納めることになっている地域は飛騨国と長門国だけです。全く産出しないわけではないのですが、少なくとも、豊富な資源ではなさそうです。そして、同じく延喜式に記載されている当時の染め色37色分の染色材料リストに目を向けると、なんとその中にミョウバンの記述は1つもありません。

ミョウバンは染色以外にも、お薬として、皮なめし剤として、そして和紙に絵を描く際の滲み止め剤として、当時から様々な場面で利用されていました。ですが国内産出量はわずか……。延喜式の中で皇室の財産宝物管理をする内蔵寮に関する記載には中宮（天皇の妃）のために染料と共にミョウバンが併記されているので、全く染めに使わなかった訳でもなさそうですが、様々な用途のためにそれぞれの利用者が節約をしていたのかもしれない、と筆者は想像しています。

染色のためにミョウバンを豊富には使えなかった日本では、代わりの媒染剤として古くから椿やヒサカキ、ハイノキの灰を使っていました。これらの植物に共通

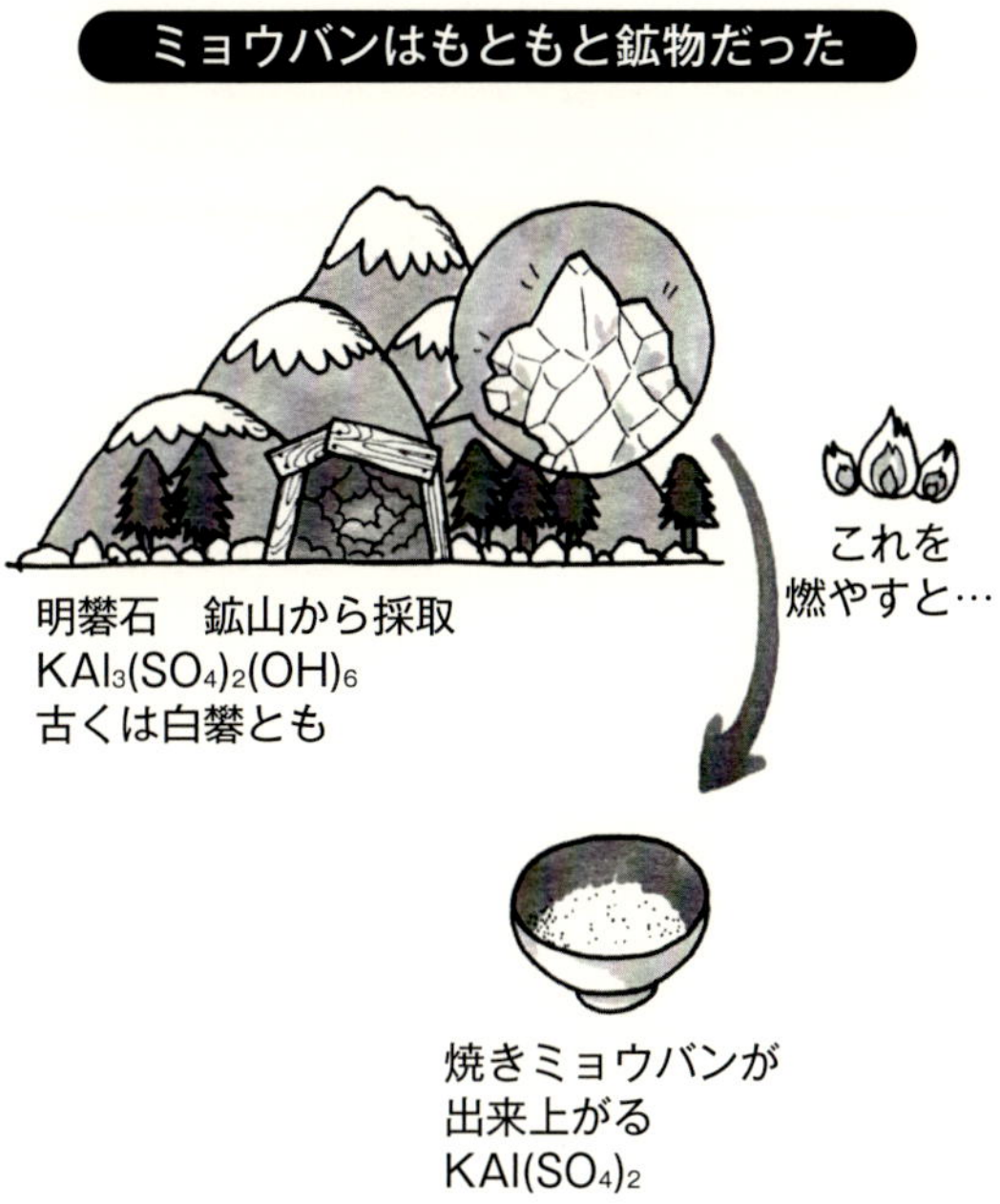
ミョウバンはもともと鉱物だった
明礬石　鉱山から採取
$KAl_3(SO_4)_2(OH)_6$
古くは白礬とも
これを燃やすと…
焼きミョウバンが出来上がる
$KAl(SO_4)_2$

するのは、他の植物に比べて体内にアルミニウムをため込むという性質です。葉や枝を中心にアルミニウムを集積させた植物を燃やした灰にはアルミニウムが含まれています。それを湯に溶かして上澄み液の灰汁《あく》をとり、媒染に使うのです。もちろん昔の染め師はアルミニウムの含有量など知る由もなかったと思います。ですが、他の草木の灰と、椿・ヒサカキ・ハイノキの灰は明らかに効能が違うということに気づいて、染めにはこれらの植物だけを選んで使っていたのでしょう。素晴らしい観察力と考察力だと思いませんか？

話を戻しまして、あまり潤沢な資源ではなかった国内ミョウバン事情ですが、江戸時代になり突然転機が訪れます。渡辺五郎右衛門という人が1600年代後期に今の別府温泉でミョウバン製造を始めるのです。最初は失敗しますが、長崎の薬屋に出向いて中国人から適切な指導を仰ぎ、純度の高いミョウバン結晶づくりに成功します。製造方法は次の通りです。

- 地面から噴気が安定してたくさん出る場所を選ぶ
- そこに雨風を凌げて湿気が抜けやすい藁屋根を作る
- そこに地元で採れる青粘土を敷き詰める
- 40日ほど待つと地面に「湯の花」が析出する
- 湯の花をハイノキから取った灰汁に入れ結晶化する

温泉地の湯気は含硫黄ガスです。また、この地の青粘土はモンモリロナイトというアルミニウムを多く含むケイ酸塩鉱物です。硫黄ガスとアルミ含有ケイ酸塩が反応して、湯の花と名付けられた硫酸アルミニウムを主成分とする混合無機塩が析出するのです。そして、なるほどと思うのが、アルミニウム入りのハイノキ灰汁に湯の花を溶かして再結晶化させることでアルミニウム増量をしているのではないか、という点です。実際どの程度効果的なのかは不明ですが、この工程を見る限り、理に適った手法だなと思うのです。

この渡辺五郎右衛門という人物、記録では浪人となっているのですが、ただの浪人ではなかっただろうと思います。何の知識もなく温泉からミョウバンを作るなんて発想は浮かびませんし、灰汁を取るのにハイノキを選ぶのも考えがあってだろうと思います。本草学や中国の錬丹術の技術も知っていたのかもしれません。

五郎右衛門は見事に国内初のミョウバン製造に成功しますが、事業のほうは設備投資の資金が底をつき頓

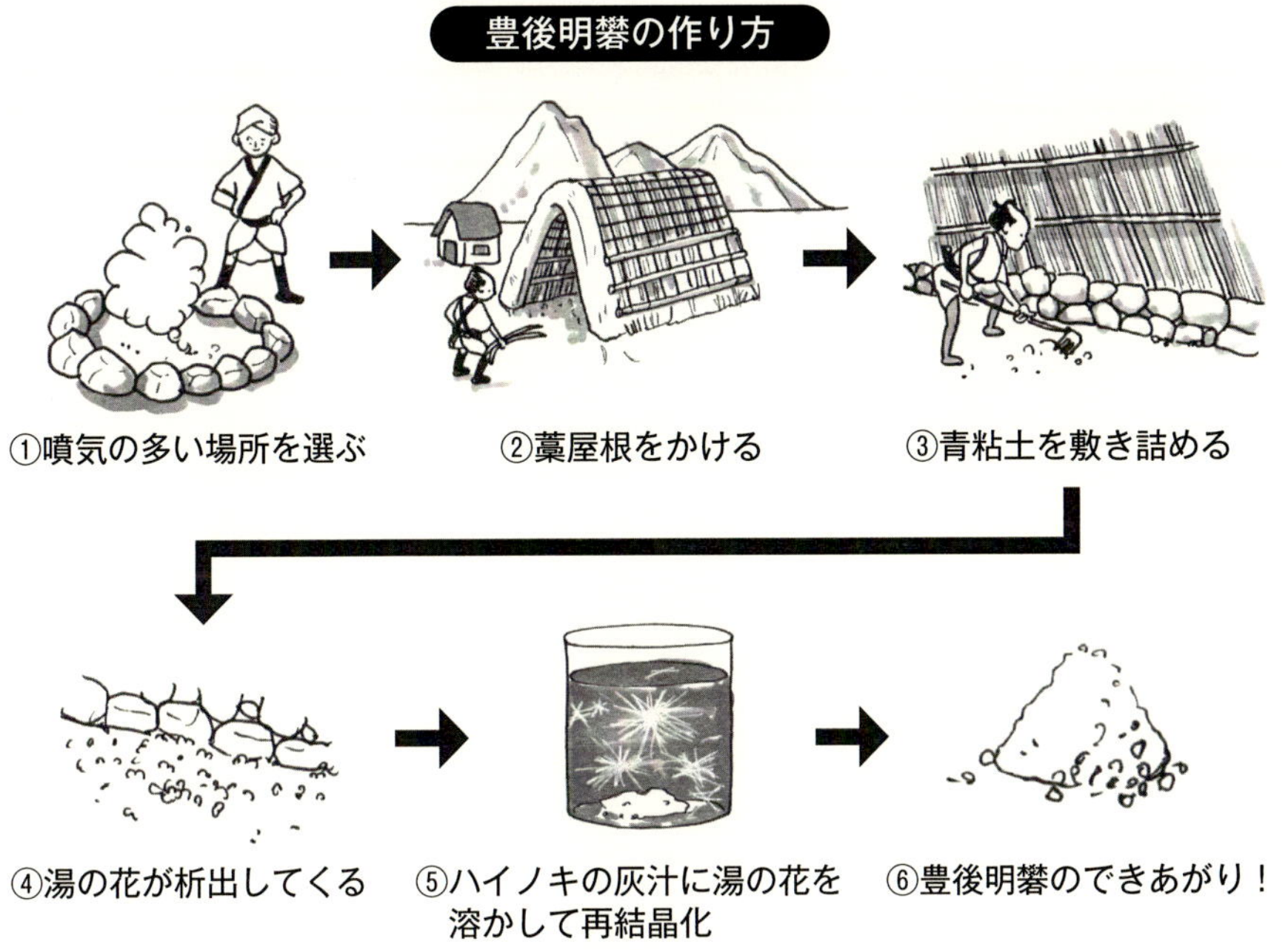
豊後明礬の作り方
①噴気の多い場所を選ぶ
②藁屋根をかける
③青粘土を敷き詰める
④湯の花が析出してくる
⑤ハイノキの灰汁に湯の花を溶かして再結晶化
⑥豊後明礬のできあがり！

挫してしまいます。その後を脇儀助という人物が継ぎ、製造方法を更に洗練して事業拡大にも成功し、中国からの輸入もの「唐明礬《からみょうばん》」よりも品質の良い「豊後《ぶんご》明礬《みょうばん》」ブランドを浸透させます。そして幕府にかけあい上納金を支払う代わりに専売権を得て国内ミョウバン流通量の6割を独占するようになります。江戸時代には多くの染色レシピが残っているのですが、それ以前の記録と違ってこの時代はあちらこちらに「みゃうばんづけ」という言葉が出てきます。豊後明礬のおかげで質の良いミョウバンが安定して流通するようになったからなのかもしれません。

明治政府になり開国してからは外国から合成染料が入り、そしてミョウバンも合成物が流通して豊後明礬はその栄華に幕を閉じます。かつてミョウバン製造の中心地だった地域は今も明礬温泉として素晴らしい泉質の温泉地です。明礬温泉では、渡辺五郎右衛門と脇儀助の時代と同じ方法で今も湯の花を作り続けています。筆者はこの温泉が大好きです。藁屋根から絶えず沸き立つ湯気を見ていると、見ず知らずの300年前の素晴らしき化学事業になぜか郷愁を覚えてしまいます。

15 「ブラジル」は天然染料がルーツだった！
―新大陸進出と天然染料の深い関係―

普段何気なく使っている言葉が実は昔の染色文化と密接な関係があったなんてことが時々あります。このトピックではそんな話を紹介しましょう。

15世紀半ばにヨーロッパは大航海時代を迎え、スペインとポルトガルは競ってアフリカ～インドの航路開拓をはじめます。1488年にアフリカ大陸南端までの航路をいち早く制覇し、そこから更にインドへの新たな海上ルートに希望が持てたことから「喜望峰」と名付けたポルトガルは、しかし、ライバル国スペインのバックアップにより1492年に西回り海路でインドに到達した（と勘違いして本当はアメリカ大陸に到達していた）コロンブスの快挙によって出し抜かれてしまいます。スペインに遅れること6年、ポルトガルの司令官ヴァスコ・ダ・ガマが1498年に喜望峰回りでインドに到達すると、この航路を更に確実なものとするため1500年にペドロ・アルヴァレス・カブラルが喜望峰回りインドルートへの航海に出ます。しかし彼の船団は大西洋で迷子に。さいわい大きな被害も出さずなんとか見知らぬ海岸に漂着します……。

話は変わりますが、この頃のヨーロッパには、赤く染まる染料が大別すると3種類ありました。ひとつは茜。2つ目はケルメスやラックなどのカイガラムシ。そして3つ目は遠く南アジアから届く蘇芳《すおう》です。どの赤色もそれぞれ重用されており、ポルトガルやスペインでは蘇芳のことをBrasilと呼んでいました。そのまま訳すと「熾《おこ》り火」でしょうか。蘇芳は東南アジアのような熱帯地方でしか茂らない植物。炭火がくすぶっているような赤色を染める植物染料として、ポルトガルを始めヨーロッパ諸国は大枚をはたいてBrasilを遠くアジアから輸入していたのです。

さて、無事上陸できたカブラルは、ここがアフリカでもなければもちろんインドでもなく、全くの新天地を見つけたことを知ります。そして更に、同行していた貿易商たちは、海岸にたくさん茂っている木が、なんとあの赤色染料Brasilと同じものであることに気づくのです。それまでは輸入に頼るしかなかったBrasilが、船に乗せて運べばいくらでも手に入ることを知った彼らは、嬉しさの余りでしょうか、このBrasilをそのまま土地の名前にしました。こうして、ポルトガルは新大陸でブラジルという新たな植民地をつくり更なる政策へすすみます。

この木がアジアの蘇芳とは少し違う種だということに気づいた彼らは、ブラジルの木を後にPau-Brasil（ブラジルの枝）、もしくは原住民がその地域の名に使っていたペルナンブコという呼び名に変えます。ペルナンブコを最初の重要な交易品の足がかりとして、その後ポルトガルはブラジルを拠点に南米の様々な物資をヨーロッパに持ち込んでいくことになります。

現在はブラジルウッドと呼ばれることの多いこの南米の染料植物。植物分類学上では蘇芳とは違う種ですが、含まれている赤い色素は全く同じブラジリンというものです。蘇芳はもちろん、ブラジルウッドも筆者は染めた経験がありますが、染め色を見ただけではどちらなのかを正確に言い当てる自信が全くありません。

ところで、このペルナンブコはバイオリンの弓材としても有名です。現在は、染料名としてブラジルウッド、弓材としてペルナンブコと呼ばれることが多いですが、実はどちらも同じ木です。

新天地で染料も一緒に発見！

16 染色体をきれいに染める天然染料
―化学染料にも負けなかったログウッド―

1856年にウィリアム・パーキンが初の化学染料合成に成功してから160年経った現代において、天然染料は一部の工芸的な用途を除けば残念ながらその活躍の場を完全に奪われてしまっています。誠に遺憾な限りですが、それは天然染料を生業とするが故の感傷的な泣き言。経済的工業的な視点でみれば、製造効率、品質共に高い化学染料が天然染料に替り幅を利かすのは物の道理というものでしょう。

ですが、そのような逆境の中、化学染料が導入されてからも最近まで工業染色界で普段使いをされていた天然染料があるのです。更に言えば、その染料は最先端の実験の場で今現在も当たり前の材料として利用されています。ここではそんな天然染料界の『生きた化石』、ログウッドを紹介します。

ログウッドは中央アメリカ原産のマメ科の木です。『ブラジル』は天然染料がルーツだった！」で紹介したブラジルウッドと同様、新大陸発見によって、ログウッドはスペインの開拓者の手でヨーロッパにもたらされました。スペインの本格的な中米進出は1496年。現在のドミニカ共和国領内であるイスパニョーラ島に新大陸初となるヨーロッパ人による都市を作ります。このイスパニョーラ島と西隣のキューバ島を含む大アンティル諸島からユカタン半島にかけての地域はログウッドの原産地です。ポルトガル人が発見したブラジルウッドも重要な新大陸の交易品でしたが、このログウッドはスペインにとって同様かもしくはそれ以上に魅力的な染料植物でした。

ログウッドはその幹材を使用して単体で濃い赤紫～青紫色を染め上げることのできる染料です。この時代、黒やそれに近い濃く暗い色は藍染めと他の色濃い染料で重ね染めをすることで得ていましたが、このログウッドを使えば重ね染めをせずとも容易に黒に近い色が染め出せます。このことに気づいたスペインは、中米から大量にログウッドを仕入れ始めます。当初は中米を独占していたスペインがその強大な海軍を後ろ盾にログウッドを独占し、ヨーロッパ市場で儲けますが、1588年英仏海峡でスペイン無敵艦隊がイングランドに敗北を喫することで様相が変わります。中米に進出を始めたイングランドは、1670年にスペインとの間に締結されたマドリード条約により、ついに大アンティル諸島を含む西インド諸島全域の覇権を握り、それまで高値でスペインから買わされていたログウッドを自前で入手できるようになります。そしてこの時期前後からヨーロッパ全域にログウッドが浸透していくのです。

その後、海上輸送の利便性と染料としての商品価値を上げるために、ログウッドを伐採後に現地で粉砕しそのまま煮出してエキス抽出したものをヨーロッパに運ぶ、という極めて合理的な工業手法が取られるようになりました。生産量・輸入量とも増加し、19世紀には染料産業としてログウッドエキスが巨大なマーケットを占めるようになります。日本にもこのころ輸入され始めたようです。「日本の黒染文化史」の著者、川村康夫氏によれば、ログウッドと合成染料はほぼ同じ時期に日本に入って来たのではないかとのこと。ログウッドは原料が植物と言っても現地で粉末や固体エキスにされた状態で手に入るので、染液にするには水に溶かすだけです。ヨーロッパの染め師たちはそれがど

ログウッドとブラジルウッドの色素はとてもよく似てる！

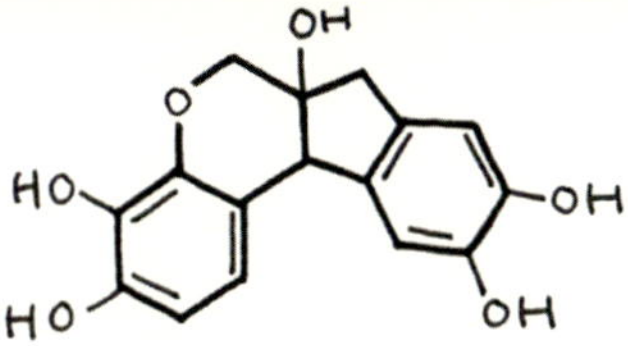

ログウッドの色素
ヘマトキシリン
色：赤紫～青紫

ブラジルウッドと蘇芳の色素
ブラジリン
色：エンジ～赤紫

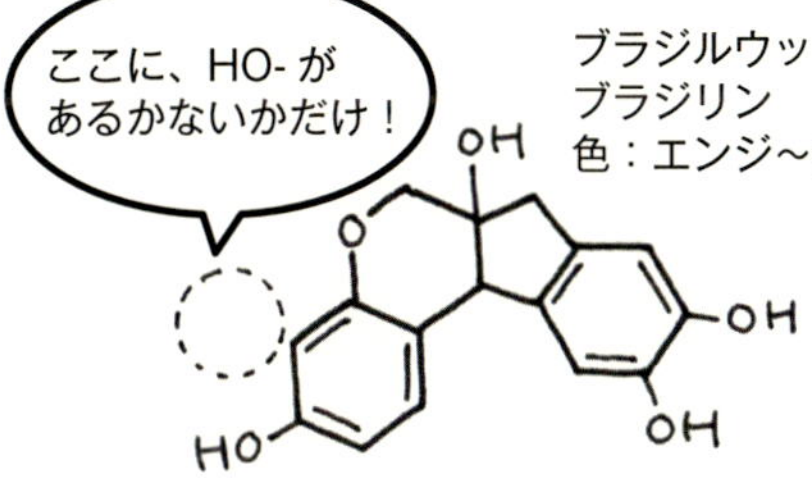

どちらも、酸性で赤みが強くなり、
アルカリ性で青みが強くなる

んな植物だったのか、いや、もとが植物なのか鉱物なのかということさえ知らなかったかもしれません。エキス状のログウッド染料は、使い方も見栄えも同じような化学染料と同等に我が国にもたらされたのだろうと筆者も想像しています。

話は変わりますが、19世紀というのは科学の世界でも様々な分野で発展と革新が生まれた時期でした。生物学の世界でもご多分にもれず、組織学という顕微鏡で細胞や微生物を観察する学問が顕微鏡の性能向上と共に進化と発展を遂げ、より小さなものを見ることができるようになりました。ただ、その際の障壁が、対象物の視認の難しさでした。倍率が大きくなり小さなものが見えるようになっても、その対象物と別の対象物や空間との境目、その対象物の正確な形、などが確認しにくかったのです。これは、対象物が大抵の場合小さすぎて光を通して透明にしか見えないから。濃い色がついていればよいのに……、科学者たちはそう考えたのでしょう、これらの対象物を染色することを試み始めます。市場に出始めた化学染料も含めて色々な染料で細胞の染色を試す中で、1863年、ドイツのヴィルヘルム・フォン・ヴァルデヤーが、細胞の中にログウッドのエキスを使うととても濃くはっきり染まるものを見つけます。その後、ミョウバンと併せて使うと更に濃く染まることを別のドイツ人化学者が見つけ、同時に彼はログウッドのエキスからヘマトキシリンという色素の抽出に成功します。そして1888年、ヴァルデヤーはログウッドのヘマトキシリンでよく染まるものをChromosome、ギリシャ語で「色の付いたからだ」と名付けます。そうです。染色体です。なんと、染色体の名前の由来は、ログウッドで濃く染まったからなのです。

このヘマトキシリンを使用した細胞染色は現在でも光学顕微鏡観察の際に使用されています。筆者も学生の頃の実験で使用していたようでヘマトキシリンという単語だけが頭に残っており、この仕事を始めてそれがログウッドの色素と知ってびっくりした思い出があります。

工業染色に使われていたログウッドの方は、化学染料が市場に出てからもしばらくは衰えを見せなかったようです。化学染料の黎明期は、黒や暗い色を染める

ログウッドで染めたらよく見えるように！

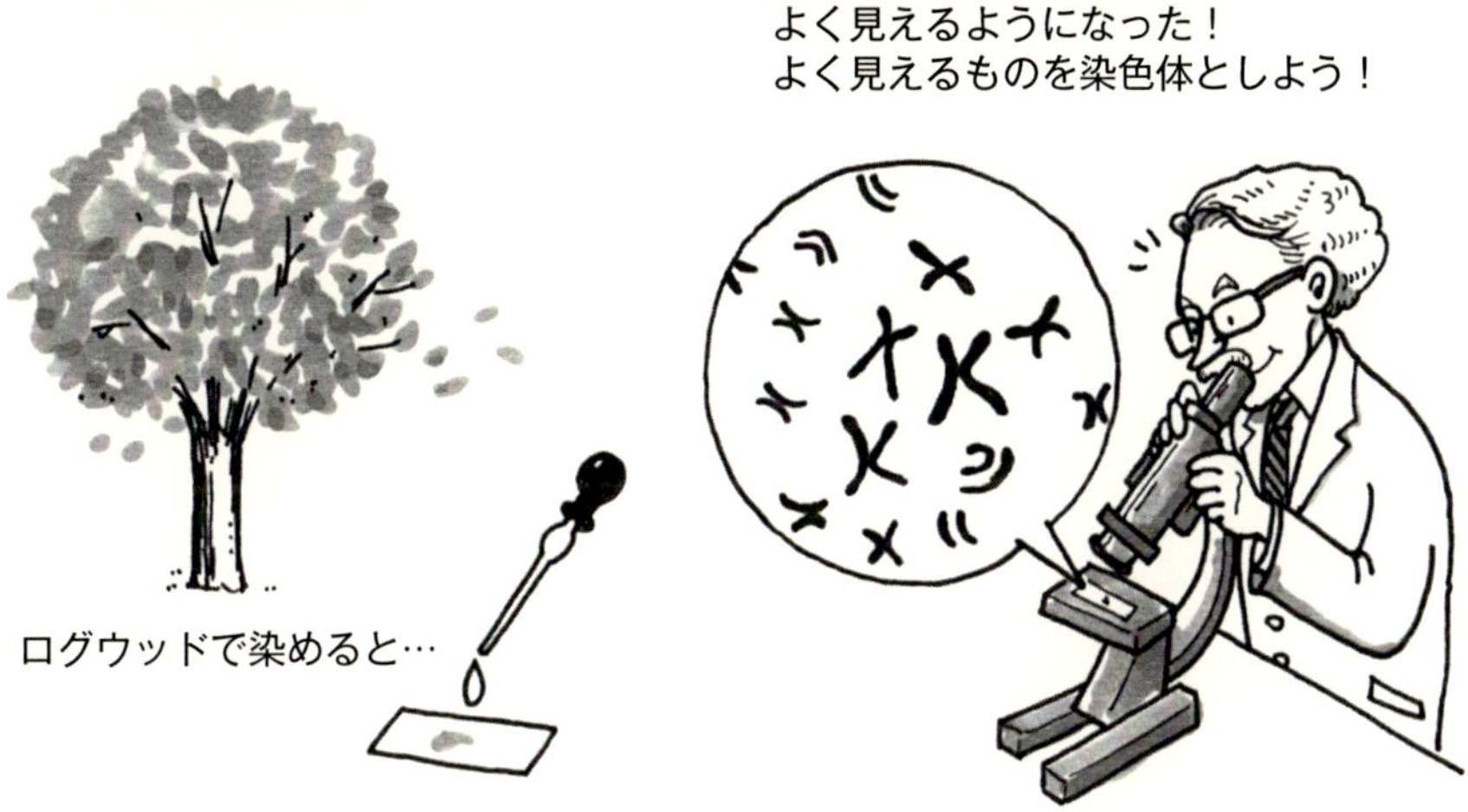
よく見えるようになった！
よく見えるものを染色体としよう！
ログウッドで染めると…

時は使用経験の少ない化学染料よりも使い慣れたログウッドを染め屋が選んでいたからなのでしょう。ですが、２つの大きな戦争を経て当時の化学染料最大の供給国だったドイツから化学染料が手に入り難い状況を経験した各国が、自前で化学染料を作ることに方針転換したことで世界各地に化学染料開発ブームが訪れ、徐々にログウッドはその活躍の場を失い始めます。そして、これは筆者の想像ですが、１９５６年にイギリスで開発された画期的な化学染料、反応染料の台頭と、１９７０年代の六価クロム公害の顕在化によってクロム媒染ができなくなったことで（ログウッドはクロム媒染で堅牢な黒を染めていた）、ログウッドは工業染色界から姿を消していきます。

華やかな工業世界からは姿を消してしまったログウッドですが、今もあちらこちらの実験室では生物学者さんたちがログウッドで細胞染色をされています。それを想像すると、なにやらまだ救われる思いがします。でも、実験しているご本人は、若かりし頃の筆者と同じようにそれが植物染めだとはご存じないかもしれませんね。

17 若き化学者パーキンの失敗から生まれた成功

―化学染料発明の物語―

　今、私たちの衣類を色とりどりに染め上げている染料は、ほとんどが人間の手によって作り出されている化学染料（合成染料）です。染まりやすく、そして光にも洗濯にも耐えてくれる堅牢な合成の色素が、主に化石資源から作られています。ですがその始まりはそれほど古いものではなく、今から１６０年前のこと。しかもその輝かしい誕生はロンドンの小さなアパートの一室で偶然起こった出来事からでした。ここではそんな化学染料が生まれた話を紹介します。

　本題の主役であるウィリアム・ヘンリー・パーキンは１８３８年、裕福な大工の末っ子としてロンドンで生まれます。彼は小さいころから優秀だったようで15歳で王立化学大学（現在のインペリアル・カレッジ・ロンドン）に入学、ホフマン教授の研究生となります。このホフマン教授は当時の有機化学を牽引したひとりです。アニリン研究の第一人者で、当時幾人もの化学者が独自で分離定性したそれぞれの物質を、追試験することで全て同一物質のアニリンであると１８４３年に証明しています。のちのパーキンの大発見にはこのアニリンが不可欠でして、彼がもしホフマン教授の下につかなければ、化学染料の発明も遅れていたかもしれません。とにかく、優秀なホフマン教授のもとでめでたく助手を務めることになったパーキンの主な仕事はしかし、染料の研究ではありませんでした。教授お得意のアニリンからキニーネという薬品を合成する実験研究だったのです。

　キニーネはマラリアという感染症のための薬です。ハマダラカが運ぶマラリア原虫によって引き起こされるこの熱病、当時の医学では完治が難しい死に至る病でした。アジア、アフリカ、アメリカの赤道近辺であればどこも罹患の可能性があったこの風土病は、イギリスを含めたヨーロッパ諸国が当時の植民地政策を進める上での大きな障害のひとつでした。

南米のアンデス山脈にキナという植物が自生していますが、現地のケチュア人たちは昔からキナの樹皮を薬として使っていて、これがマラリアの治療薬、更には予防薬としても役立つことをヨーロッパ人が見つけ、当時ヨーロッパの南部でも広がり始めたマラリアのために17世紀ころから大量に輸入し始めます。その後フランスの化学者が1820年にキナの樹皮から薬効成分だけを単離抽出することに成功し、この物質をキニーネと名付けます。成分だけが採りだせたことで、キニーネはヨーロッパでマラリアの予防薬として広まります。ちなみに、単体では苦すぎて口にできないキニーネの口当たりを良くするために砂糖と混ぜて炭酸に入れたもの、トニックウォーターがこのころ作られました。現在のトニックウォーターにはキニーネが入っていないものが多いのですが、今でもヨーロッパを旅するとキニーネ入りの本物のトニックウォーターに出会えるようです。さて、キニーネが単離されたことで化学者の興味はその構造に移ります。これを解明したドイツ人化学者がキニーネは$C_{20}H_{24}N_2O_2$と1854年に発表します。構造がわかると今度は合成です。キナの樹皮からの抽出ではなく、別のものからキニーネを化学合成できないか、そんな機運が高まるのです。

そのような時代にホフマン教授のもと、パーキンは1856年からアニリンを使ってキニーネを作るための実験を始めます。研究に取り掛かって間もない4月下旬の復活祭のある日、ホフマン教授はバカンスで出かける中、パーキンはひとり相変わらずアパートの狭い一室でキニーネ合成の実験をしていました。いくつかの実験の中で、アニリンの硫酸塩に重クロム酸カリウムを反応させてみると、黒ずんだ沈殿物ができ上がりました。キニーネ合成としては明らかな失敗でしたですが、おしゃれにも興味があったのか、彼は「これは染料になるのではないか？」と考えます。そして、この黒ずんだ沈殿物を各種溶剤で精製分離してみると、なんと鮮やかな紫色の染料が現れました。これが後に「モーヴ」と名付けられるアニリンパープルです。偶然と柔軟な観察力が功を奏して、世界初の化学染料

モーヴを合成した3つの物質たち

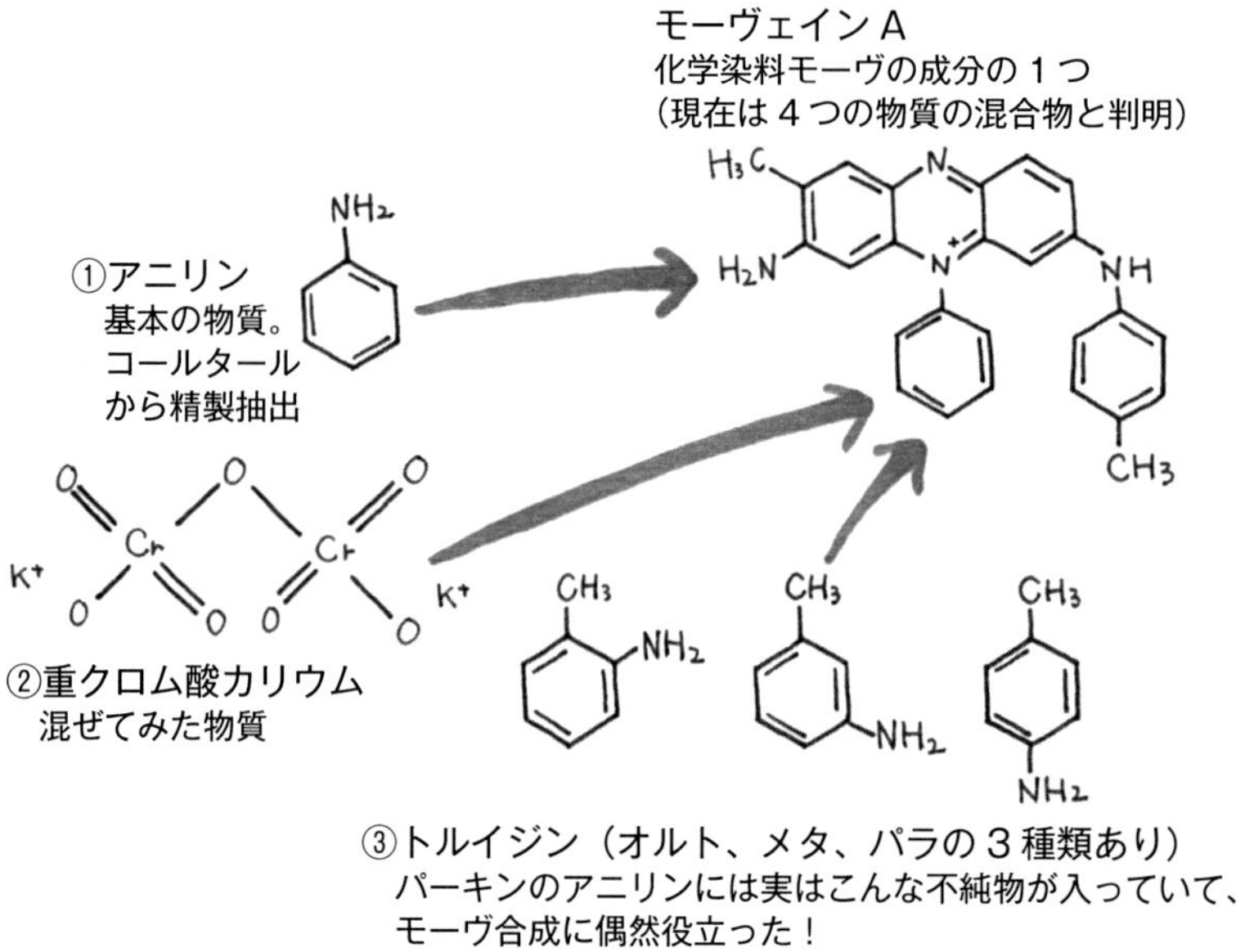

が生まれたのです。
実は、この22年前、１８３４年にルンゲというドイツ人化学者が、アニリン（この頃はまだアニリンと認識されていませんでしたが）とさらし粉を混ぜると青い物質ができると発表していました。後のアニリンブルーという染料です。ですが、これは世紀の大発見となりませんでした。個人的な推測ですが、これはルンゲの観察力の問題だけではなく、色が青だったからではないかと思うのです。青ももちろんきれいな色ですが、当時はインド産の藍で大量に染められていた色です。合成できるというのは素晴らしいですが、色自体にあまり魅力がなかったからではないか、と思うのです。その点、パーキンが「発見」したアニリンパープルは鮮やかな紫でした。本書でも数多く話題にしている通り、紫は極めて貴重な染め色です。これが合成できたとなると見る目も変わるのでしょう。もし、パーキンが偶然作った色素が濁った茶色だったら、化学染料の発見は更に持ち越されていたかもしれません。
　アニリンパープルの合成に成功したパーキンはしかし教授には報告せず、染工場に試し染めを依頼し、友人と父に相談して密かに開発と事業計画を進めます。やはり後ろめたかったのでしょうね。ですが行動は迅速でした。同年8月に特許を取得し、翌年には工場を建設し若くしてモーヴの合成事業に取り掛かります。そして1859年からモーヴが市場に出回り始めます。もちろん彼はその後も研究を重ね、大量生産の工程開発、効果的な媒染方法など次々改良していきます。色が紫だったからでしょう、ヴィクトリア女王に取り上げられたことも手伝い、彼の化学染料事業は大成功を収めます。そして、これで終わらないのがパーキンです。充分やり遂げた彼は36歳の若さで事業を全て売却し、再び有機化学の研究者に戻るのです。その後も彼は研究の世界で有益な研究をいくつも発表します。例えばケイ皮酸という多くの植物がもつ物質の合成法を発明し、その工程は今もパーキン反応と呼ばれています。

様々な功績によりいくつもの賞や名誉を授かったのち、1907年に彼は輝かしい生涯を閉じます。少しの運と豊かな観察力を持ち、そして地道な実験家であった彼をたたえたパーキンメダルは、アメリカ工業化学の最高の賞として今も毎年素晴らしい受賞者を輩出しています。最後に蛇足ですがキニーネの合成が成功したのは1944年。あの時代にキニーネを人の手でつくる、というのは途方もなく難しいことだったようです。

晩年のパーキン

手に持っている布地はモーヴで染められたものです

18 化学者とファーブルと茜と藍の物語
―天然色素の発見と合成競争の攻防―

化学染料を含め、多くの化学合成品は一見なんの関わりもなさそうなものが原料となっています。なぜそのようなことが可能かと言えば、それぞれの物質を構成する分子がどのような形をしていて、どこをどういじれば別の望むべき形になるのかを考えることが可能になったからです（実際にはそれが極めて複雑で難しい作業と思いますが）。だからこそ、私たち素人が見るとただのどろっとした石油であっても、化学者がその化学構造式をみれば、「あ、これはあれに使えるかもしれないぞ」と考えて、魔法のように全く新しいものができ上がるわけですね。

「若き化学者パーキンの失敗から生まれた成功」で紹介したような19世紀半ばのヨーロッパでは、しかし、まだ物質の化学構造式が明らかではありませんでした。そのため、この時代の化学者は全く新しいものを創造するというよりも、パーキンがめざしていたキニーネのように、自然にある物質を人の手で合成することを目標としていたようです。そして、その模倣対象として天然染料の色素も選ばれていました。

１８２６年、フランスの化学者が西洋茜から赤色素であるアリザリンを単離することに成功します。この例に限らず、19世紀初頭は多くの天然由来物質が単離された時代です。キニーネの単離も１８２０年です。新しい物質が単離され「発見」されると、その物質に名前が付けられます。そして原子の構成比も明らかになることも多かったようです。ですがまだ化学構造式はわかりません。言いかえれば、その物質をつくる原素の種類、炭素や水素や酸素の原子がいくつずつの割合になっているかということはわかっても、それら原子がどのような繋がり方をしているのかはわからな

ケクレが見つけたベンゼンの構造

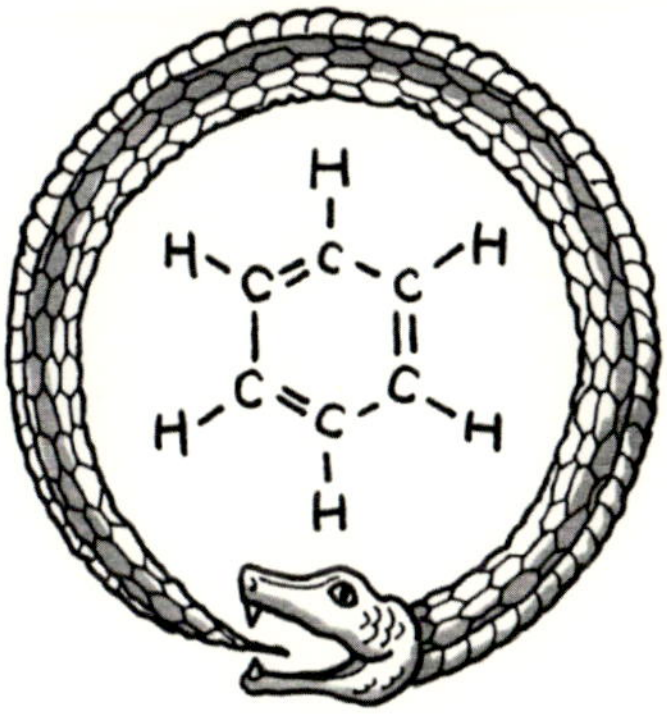

ケクレは、夢で自分の尾を呑みこむウロボロスを見て、6角形の構造を思いついた、とも言われています

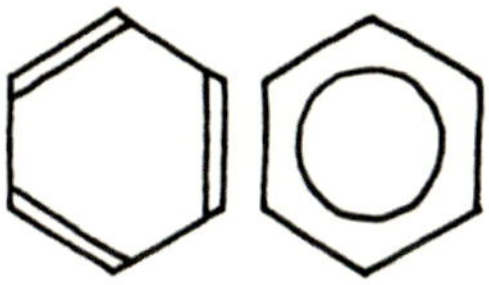

ベンゼン環は水素Hと炭素Cを省略し、このような略号で書かれます

い、ということです。必要なレゴパーツの種類と数を与えられただけで組み立て説明書がない状態、と言えばよいでしょうか。それでも何もないよりはずっと有益です。これら単離された物質を、自分たちの手で作り上げることに化学者は手を付け始めます。

ですがやはり、元素の割合だけでは作業をすることが困難でした。そんな中、1865年に画期的な事件が起こります。ケクレというドイツの化学者がベンゼン環の形を提唱したのです。現在、化学の世界で「亀の子」といわれる六角形の化学構造式です。手を4本も持つ炭素原子6個と、手が1本しかない水素原子6個が全部うまいこと手を余らせずにくっつく構造を彼がみつけたのです！　レゴの例えで言えば、どの完成品にも必ず2つや3つ、多いときには4つくらい含まれていてたくさんパーツを使う部分構造の説明書が出てきた、ということでしょうか。ケクレ構造とも言われるこのベンゼン環構造がわかったおかげで、これまで首をひねらざるを得なかった物質の原子の割合から構造式が導けるようになりました。

ちなみにですが、パーキンが初の化学染料モーヴを合成したのは1856年、ベンゼン環の構造がわかる9年も前です。彼が作ったアニリンパープルにはベンゼン環が5つも入っています。いかに彼の発明が素晴らしかったか、ということがわかります（本人が言うように幸運も大きく作用していましたが）。

ベンゼン環構造が解明された3年後、ドイツ人化学者グレーベとリーバーマンが1868年に西洋茜の色素アリザリンの化学構造式を解明します。二人はその後、ドイツの化学工業会社BASFの化学者カロと協力し、アントラセン（コールタールから作れる安価な物質）からアリザリンを安価に合成できる工業的製造法を解明し、翌年の1869年に合成アリザリンが世に流通します。

長年の使用で評価を得ている西洋茜の赤色と全く同じクオリティのものが、西洋茜の根を仕入れるよりも安価に手に入るようになるというのは、染色工場には朗報でしたが、西洋茜農場には大打撃でした。この合成アリザリンは、1865年創業のBASF社最初の世界的大ヒット商品になったと共に、ヨーロッパの西洋茜栽培産業を壊滅に追い込んでしまいます。

そしてここにもう一人、BASF社の合成アリザリンのために辛酸をなめた科学者がいます。あの昆虫学者、アンリ・ファーブルです。昆虫の生態研究で有名なファーブルですが、植物にも造詣が深かったようで、園芸に関する書物も複数出版しています。1850年代後半、園芸に関する研究をしていた頃に、彼は西洋茜を育てて効率的な色素抽出を行い染料を作ることで一山当てようと考えます。当時フランス軍の陸軍のズボンは茜で赤に染められていました。フランスを含めヨーロッパ全土がきな臭い情勢の中、軍服の染色という魅力的な市場への供給材料として充分な見返りがあると踏んだファーブルは、研究成果を発表し1860年に茜色素抽出に関する特許を3つ取得し、茜色素量産事業に乗り出します。ですが、その染料生産が軌道に乗ったころの1869年に、BASFの合成アリザリンが出てしまいます。彼は工場をたたみ、その後は執筆が主となっていくようです。合成ではなく植物からの効率的な色素抽出に関する特許、というのがとてもファーブルさんらしいなと思うのですが、そこがあだになってしまったようです。

合成の天然色素として有名なもうひとつがインジゴです。ベンゼン環構造の父ケクレの教え子であるドイツ人化学者バイヤーがこのインジゴの構造解明と合成に取り掛かったのは１８６５年でした。がしかし、構造を完全に解明したのは１８８３年、実に18年かかりました。引き続き彼は工業生産の研究に移りますが、これがまたうまく進みません。しばらくして彼はその製造特許を前述のＢＡＳＦに譲り工業合成からは手を引きます。ＢＡＳＦが引き続き他の化学者と共同研究を行い、工業生産ラインが完成し１８９７年にやっと合成インジゴが「インジゴピュアー」という名前で発売されます。なんとバイヤーが構造解明してから更に14年かかっているのです。これはおそらくインジゴ自体が合成しにくい物質だったということだけでなく、藍染料は天然と言いながら何千年もの長い歴史を経て充分な価格競争力を持っていたためでしょう。積年の研究により、満を持して強大なライバルに対抗したＢＡＳＦの合成インジゴはその後、世界の藍染め市場を席巻してしまいます。

ですが、天然色素の商業合成はこの２つで終わりました。これは化学的に合成できないから、ではなく、天然の模倣よりも新たなものを作れるようになっていったからでしょう。合成インジゴは今も染色業界で使用されていますが、合成アリザリンの方は医療現場での試薬や顔料用途になっています。また、インジゴ合成に成功したバイヤーは、１９０５年にインジゴも含めた有機染料およびヒドロ芳香族化合物の研究でノーベル化学賞を受賞しています。

アントラセンからアリザリンの合成

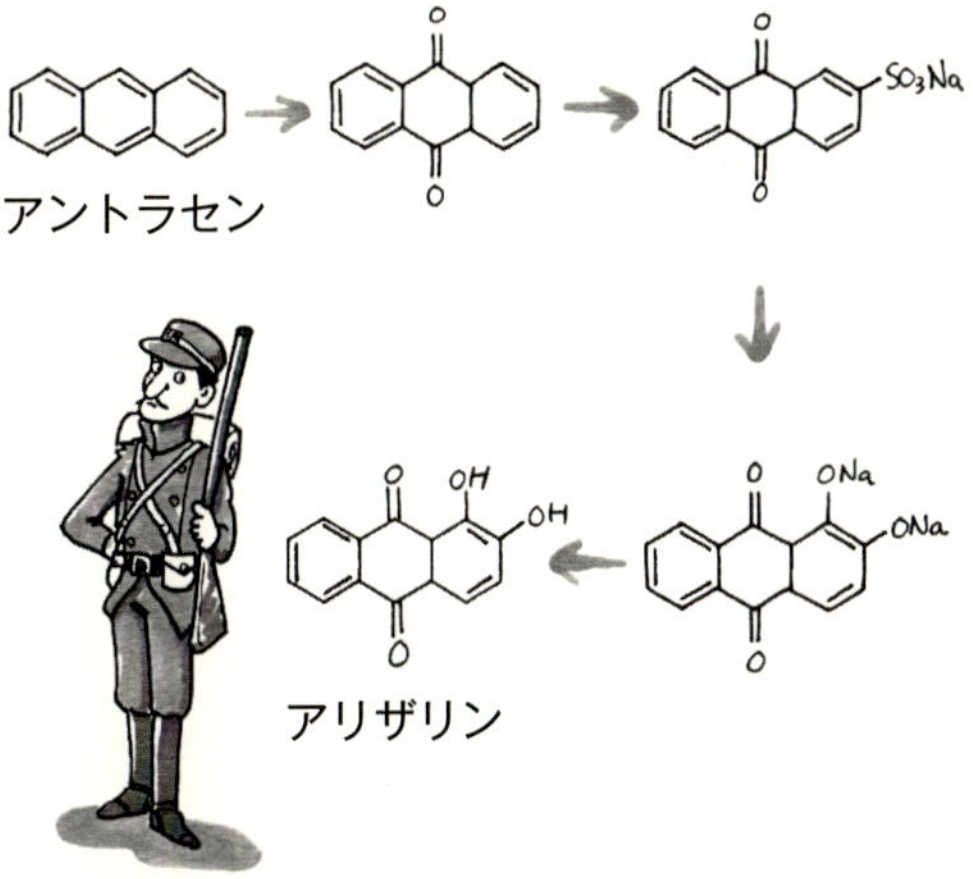

当時のフランス軍のズボンは
アリザリンで染められていた

Column

日本人の「青」は青くない

日本人は豊かな色彩感覚を持つと言われることがあります。ですが、はるか昔の日本人には色の概念が４色しかなかったかもしれない、っていう話をご存じですか？

その４色とは、「あか」、「くろ」、「しろ」、「あお」です。なぜこの４色かというと、色名に「いろ」をつけずに単に「い」を付けただけでそのまま形容詞になるから、と言われています。「みどりい」って言わないですよね。

「あか」は字のごとく明るいものが全てこの色でした。赤、黄、オレンジなど全部これでしょう。「くろ」はその逆で暗ければ全部この色です。紫も濃グレーも、濃茶も、「くろ」でしょう。「しろ」は２つあったと言われています。漢字で書くと「白」と「素」です。前者は全くのホワイトで、古来日本人は白蛇、白鹿など神に関わる色と感じていたようです。後者はナチュラルカラーです。樹の皮を剥いだ内皮の色と言えば近いでしょうか。古事記に書かれている因幡の白ウサギの話、原文は「素兎」となっています。白ではなくベージュの兎だったのでしょう。

そして「あお」は、「あか」でも「くろ」でも「しろ」でもないものが全て「あお」だったのではないか、と前田雨城氏が著書で述べています。もちろんこの中には青も入りますが、緑や、微妙な茶色や、いろんな色が混じって良くわからない斑色とか、そういったものが全て「あお」だったようです。だから、各家で飼育していた時代の馬の名前は大抵「あお」で、未だに私たちは緑の信号を「あお」と言っているのかもしれません。

第3章

色ごとにみる天然染料

19 赤色①　根っこが赤い茜

茜は赤を染めるために古くから世界中で使われている植物です。茎を蔓状に伸ばして成長する多年草で、根を採集し、お湯で煮出して色素を抽出して染色します。「根が赤い」のでそのまま「あかね」という名になった、と考えられています。茜という漢字の意味は西に沈む夕日の色を染める草、という会意文字的な解説をよく見かけますが、講談社大字典で調べると、西は音を現す形声文字と、そっけない説明です。本当のところはどうなのでしょう。

天然染料の視点からは、茜という染料は慣習的に大きく次の3種類に分かれています。

1．日本茜…日本、朝鮮半島に分布。日本古来の茜染めにはこの国産種が用いられている。黄色味が多く彩度の高い赤に染めるのが困難。

2．西洋茜…大陸茜、六葉茜とも。西アジア～南ヨーロッパにかけて広く分布。日本茜と印度茜にはないアリザリン色素を持っている。

3．印度茜…南アジア～西アジアに分布。茎にも色素を含む。3種の中で一番色素量が多い。

古来世界各地で使われていた染料植物ということもあり、乾燥したチップ状態であれば、西洋茜と印度茜はどこの染料店でも手に入る身近な染料ですが、日本茜は流通経路に乗る分量の栽培実績がありません。手に入れるためには自分で探しに行く、もしくは細々と栽培してくださっている方を探して分けて頂く、といった方法になります。最近（2018年現在）、この日本茜の栽培を復活させようとされているグループもあります。良い根に育つには2年かかるとも言われており、数年後の安定供給が待たれます。

茜の主な色素はアントラキノン系に属する、プルプリン、プソイドプルプリン、アリザリンなどの赤色素と、同じくアントラキノン系の黄色素、ムンジスチンなどとされています。これらの色素はどれも比較的水に溶けにくい物質であることもあり、染色する際は他の染料よりも高温で染めると良い結果になることが多いです。

保管状態で染まり具合が大きく変わる染料植物が時々あります。日本茜もそういった植物のひとつです。筆者の経験では、生の根と乾燥した根では絹を染める際にはその赤みが全く違います。生根であれば赤みの強い色に仕上がり、乾燥根は黄色味の多いオレンジに仕上がります。どちらも良い色ですが、茜は赤を染めるもの、という考えが強いこともあり、生根で染める色がやはり本来の茜の色なのではないかと思うのです。そうなると問題になるのが、古代の染め師たちは正倉院に遺されている数々の輝かしい赤色をどのようにして染めたのだろう、ということです。というのは、当時の日本茜はまず間違いなく乾燥状態のものを使っていたと思われるからです。

平城京から大量に出土している木簡の中には、様々な地方から朝廷に届けられた物資の荷札が残っています。これを見ると、越前国、伊豆国、常陸国、美作国、橘樹郷（神奈川）、といった遠方から茜が届けられているのです。出土木簡を見る限り、近いのは三宅郷（今の舞鶴あたり）くらいでしょうか。当時の律令から類推するとこの茜はおそらく中男作物（その地域の成人した男子が自ら徒歩で朝廷に届けなければいけない地方の物資）のひとつでしょうから、歩いて運んでいるはずです。これでは生根を届けるのは不可能です。

ここで目が行くのが、延喜式に記載されいてる「米」です。「江戸時代にはすでに謎だった古代の染め」でも話題にした通り、茜を使用する際に同じく記載される米が、赤みを増すため、もしくは黄色味を押さえるための助剤だろう、という仮説を多くの染色家が考えています。米を醗酵させて酢にして、酸性浴にして染めたのではないか、酒になる前の醪《もろみ》の状態にして茜の根を煮出し、色素抽出する際の助剤としたのではないか、米と茜を一緒に煮出して数日放っておき、醗酵させたのではないか……。と、様々な利用法が提案されています。

なお、乾燥すると赤みがなくなるのは、元武庫川女子大学教授、麓泉《ふもといずみ》氏によれば、生根から乾燥根になる際に、酵素や他の要因で、プルプリン、プソイドプルプリンなどの赤色素が、ムンジスチンなどの黄色素に変質してしまうことが原因と考えられるとのことです。麓泉、菅忠三の両氏による1993年「茜（アカネ）の含有色素と染色絹布の色」において各種茜の含有色素の定量（クロマトグラムによる）をされています。この報告を見ると、日本茜の生には赤の色素であるプソイドプルプリンがありますが乾燥にはありません。乾燥中に何かが起こり、赤色素が減少した、ということなのでしょう。

また、通説として茜の主な色素はプルプリンと言われています。ですが、この麓泉、菅忠三両氏の報告では、プルプリンを持っているのは培養細胞により人工的に組織培養された日本茜の根を一度乾燥させ、その後さらに酸性処理したものだけでした。麓氏によれば、茜の根の中では、生から乾燥、乾燥してからの環境変化により、様々な色素の入れ替えが起こっているのではないかとのこと。また、報告では茜の色相に関わっていそうな成分が24あり、そのうち正体が判明した、もしくは推測できたものは8のみで、あとの16は不明とのこと。私たちのわからない色素が、茜のなかにはまだまだ詰まっている、ということなのでしょう。

なお、茜の色素の中で、アリザリンは西洋茜のみに含まれているというのが定説ですが、麓泉、菅忠三両氏のこの報告でも、日本茜生、乾燥、組織培養の日本茜、そして印度茜の根、茎、どれからもアリザリンは検出されず、西洋茜のみからアリザリンの配糖体と思われるものが多く検出されています。西洋茜で染めたものかそうでないのかの確認にアリザリンの有無を調べる、というのはやはり有効なようです。

このように、古代から連綿と使われ続ける茜は色が綺麗で謎も多く、いつまでも私たちの好奇心をわしづかみにしてくれる染料です。

茜の一覧表

汎用名	和名	学名	別名	生育地	形状の特徴	備考
日本茜	アカネ	*Rubia argyi* (H.Lev. et Vaniot) H.Hara ex Lauener シノニム：*R. akane* Nakai	東洋茜	日本、朝鮮半島	• 細長いハート形の葉が 1 か所から 4 方向に葉が付く	• 栽培種はなく自生を採取するか個人栽培家から入手 • 赤色素が少ない（経験による）
西洋茜	セイヨウアカネ	*Rubia tinctorum*	大陸茜、六葉茜	西アジア～南ヨーロッパ、中国西部？	• 細長い葉が 1 か所から 6 方向に付く	• 染料店で通常入手可能 • アリザリンを含むため、古代茜染遺物の国産か渡来かの同定に利用
印度茜	アカミノアカネ	*Rubia cordifolia*		南アジア～西アジア	• 細長いハートからハートのくぼみが無いものまで様々。1 か所から 4 方向に葉が付く • 茎も染められる	• 染料店で通常入手可能 • 3 種で最も色素量が多い（経験による）

※この他にも、オオアカネ、クルマバアカネなど分類不明もしくは地方別称の可能性のものがあります

茜に含まれる色素

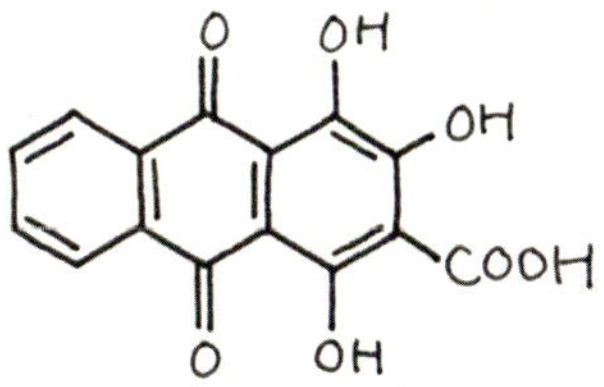

プソイドプルプリン
赤色素
日本茜、西洋茜、印度茜に含まれる

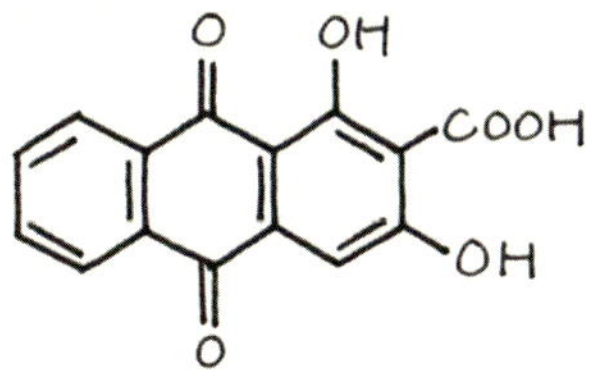

ムンジスチン
黄色素
日本茜、西洋茜、印度茜に含まれる

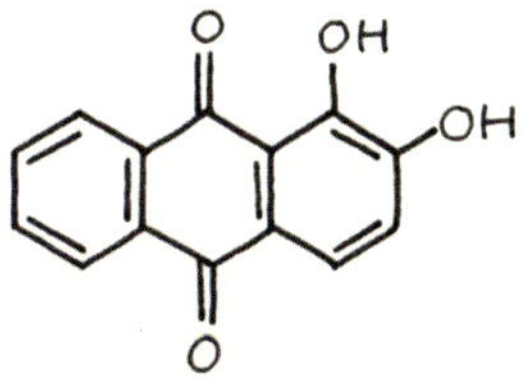

アリザリン
赤色素
西洋茜のみに含まれる

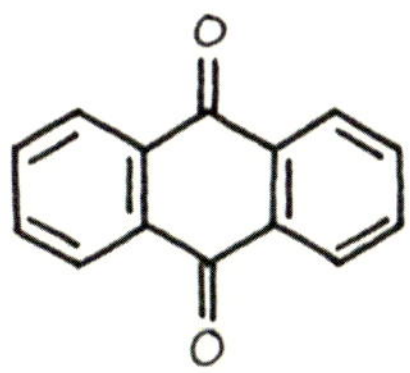

ちなみに、アントラキノンというのは
このカタチが基本の分子のこと

20 赤色② 日本にはなかった蘇芳

蘇芳はインド、マレー諸島原産のマメ科の小高木で日本の植生にはない植物です。幹の芯材を細かく砕いたものを煮出して色素を抽出して染めます。古くから赤を染める重要な染料植物です。採取される現地マレー語での発音がsapangで、この発音から中国でsu-fangという発音になり、日本語で「すはう」→「すおう」となった、という説があります。ちなみに英語ではそのままsappan woodです。

中国では染料の他に薬としても重用されていました。唐の時代に編纂された新修本草《しんしゅうほんそう》という薬書には、産後の出血過多で腹部膨満で死にそうな人に水または酒で煮て煎じて飲ませると効くと書かれています。

我が国にも古くから伝わっており、正倉院にはこの蘇芳で染められた工芸品が多く残っています。布製品だけでなく木工品の彩色にも随所に使われています。

近年の正倉院宝物の遺物調査報告を見ると、茜を使っていたと思われていたものが実際は蘇芳だった、という記載が多い印象です。また正倉院には蘇芳が薬物としても残されています。ただ、1994～5年に行われた正倉院薬物第二次調査の報告によると、残されている蘇芳片には、紫檀などの材に蘇芳色素を塗布したものが混ざっていたとのこと。気をつけないとまがい物をつかまされる、というのは今も昔も同じだった、ということでしょうか。

833年に編纂された法律集、令義解《りょうのぎげ》には当時の朝廷に勤務する人の服装の決まりが書かれていて、上着の色の順番を見てみると、

「凡服色、白、黄丹、紫、蘇方、緋、紅、黄、…（略）」とのことです。白は天皇の色、黄丹は皇太子専用の色ですので、天皇と皇太子を除いた一般人（といっても

蘇芳の一覧表

汎用名	和名	学名	別名	生育地	備考
蘇芳	スオウ	*Caesalpinia sappan* L.	蘇枋、蘇方、蘇木、	マレー諸島、インド	•主色素はブラジリン •染料店で通常入手可能 •幹材を煮出して使用 •古来、薬としても利用
ブラジルウッド	ブラジルボク	*Caesalpinia echinata* Lam.	ペルナンブコ、パウブラジル	ブラジル	•蘇芳と全く同じ色素ブラジリンを含む •植物名がブラジル国名になる •現在はバイオリンの弓材として流通

※ハナズオウが蘇芳と混同されることが多いですが、全く違う植物です。ハナズオウは花が赤いだけで幹材は染色しても赤には染まりません

ブラジリンの構造式

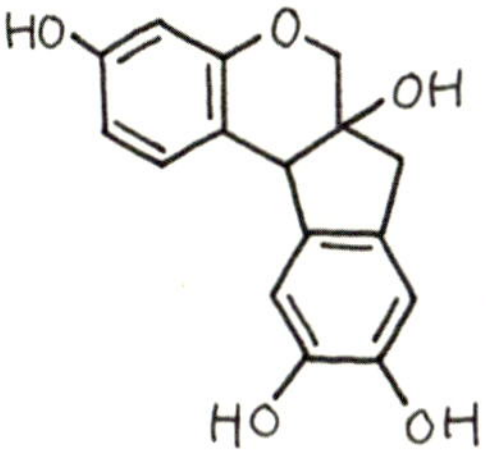

ブラジリンは酸性で赤に、アルカリ性で赤紫に変わる。
また、鉄で媒染することで暗い紫になる。
この性質を利用すれば、赤～濃紫まで染め分けることが可能

貴族ですが）の中では紫に次いで蘇芳が2番目で、茜で染める緋や紅花の紅色よりも位が上の色として扱われています。もともとは渡来植物だった紅花と藍も、この時代にはすでに国内で栽培収穫されています。一方、蘇芳は日本では育たなかったのでしょう、相変わらず輸入でした。大陸からの貴重な染料かつ薬物だった蘇芳は、貴族のあこがれの的のひとつだったことが伺えます。

ですが、時代が下がり江戸時代になると、町衆の染め屋が残した染めの指南書に蘇芳の記載がたくさん出ています。しかも紫や紅の代用品として。クチナシと重ね染をして紅色の代替や、灰汁を使って紫の代替などの染め方が残っています。蘇芳の色素、ブラジリンは酸性で赤みを増し、アルカリ性で青みを増します。また、アルミの媒染であればそのままの赤に、鉄で媒染をすると濃い紫になります。流通量が増え入手しやすくなった江戸時代には、他の染料に比べてこの変幻自在な性質が大変重宝されたのかもしれません。貴族第二位の品格からまがい物の代用品とは、大胆な変わり身です。

21 赤色③ 酸とアルカリを駆使する紅花

紅花は3世紀ころに日本に渡ってきた赤色を染める植物です。6月～7月に開花する越年草ですが、栽培に際しては通常1年で収穫します。花弁を採取し染色に使用します。花弁は生でも乾燥でも使用可能ですが、保存の利便性から通常は乾燥させて使います。なお起源は不明ですが、収穫した花弁を水洗いし数日放置後軽く醗酵した状態のものを直径10㎝程度のせんべい状にして乾燥させた「紅餅《べにもち》」という状態まで加工して流通するのが、江戸時代以降の日本では一般的でした。名前や産地の起源は「昔は藍だった紅花」で詳しく解説していますのでそちらをご覧ください。

幾つかのトピックで解説していますが、紅花は染色の視点から見ると極めて変わった性質を持つ植物です。この花には、特徴的な色素が2種類含まれています。ひとつは赤、もうひとつは黄です。この2つの色素の性質が全く違うのです。順番に説明しましょう。

まず、黄色素であるサフロールイエローは普通に水に溶けます。反して赤色素のカルタミンは中性や酸性の水には溶けません（少しは溶けます）。ですがこのカルタミン、アルカリ性の水に入れると突然溶け出します。筆者の経験ではpHが10台の後半であれば問題なく溶けてくれます。ただ、これも経験値ですがpHが11台半ばに近付くとカルタミンは蘇芳のような紫がかったエンジ色に変色してしまいます。

次に、サフロールイエローは一般的な植物色素と同じように高温でも問題ありません。ですが、カルタミンは高温に極めて弱い色素です。カルタミンの液を徐々に加熱すると60℃近辺できれいな赤がなくなり黄ばんだ色に変わりますし、抽出水温を5℃きざみで変えた染液で染めた実験の際は、45℃の染め色と50℃の染め色で大きな変化がありました。また、濃度差にはあまり気づきませんでしたが、40℃と45℃の間でも少しだけ色相が違いました。筆者の実験は精密な化学実験ではないですし、色相の確認も目視のため、あくまで参考程度ですが、40℃台の水温でカルタミンになんらかの危機が迫るのだろうと思います。確実に言えるのは、紅花の花弁を他の天然染料同様にコトコト煮込むとこの綺麗な赤は跡形もなくなってしまう、ということです。

ここまでの2つの性質の違いはどちらかと言えばサフロールイエローが普通の色素でカルタミンが変わり者、といったイメージですが、最後の3つめは逆転します。カルタミンはコットンもシルクも同等に染まります。すなわち、温度さえ気をつければセルロース系繊維もたんぱく質系繊維も問題なく染色可能です。ですがサフロールイエローは違います。たんぱく質系繊維には問題なく染まりますが、セルロース系繊維には全くと言ってよいほど染まりません。色差計などで測定したことがないので全く染まらないとは断言できませんが、目で見る限りサフロールイエローでコットンがうっすらにでも染まったのを見たことがありません。現場の染め屋の判断としては、紅花の黄色ではコットンや麻は全く染まらないという認識です。この現象の化学的理由は分からないのですが、セルロースの「ワンパターンな戦法」がサフロールイエローと全く相性が合わないのだろうと想像しています（サフロールイエローの構造式を見るとそうでもなさそうなのですが）。「シルクとコットンでは染まり方が全く違う！」でも紹介したように、たんぱく質系繊維に比べてセルロース系繊維の染まり具合が悪い植物というのはたくさんありますが、ここまで潔く染まらない色素は珍しいと思います。

では、色素の性質を知って頂いたところで簡単に紅花染めの工程を紹介しましょう。

① 花弁をアルカリ水（冷水）で揉んで色を出す…この工程で赤も黄色も出てきます。

② 染める直前に酸性のものを加え中和する…この工程は極めて重要です。抽出した液がアルカリのままではカルタミンの親水性が高すぎて生地に染付きませ

ん。例えるとアルカリではカルタミンと水の仲が良すぎて生地が蚊帳の外なのです。ですがカルタミンは中性の水には溶けません。中和されたとたんカルタミンは水と離れて他の友達を探し始めます。そこに生地がいれば、アルカリの時は見向きもしなかったカルタミンが即座にくっつく、という算段です。

③　中和したらすぐに染める素材を入れて染める…中和したら即座に生地を入れます。ここで時間を置いてしまうとカルタミンが沈殿を始めてしまいます。沈殿とは、水と手を放したカルタミン同士が手をつないでしまう、ということです。

④　新たに弱酸性の液を用意し染まった素材を浸ける…カルタミンを酸性浴に晒すことで更に溶けにくくさせ、定着を促します。カルタミンは、アルカリで溶けて、中性でくっつく相手を探して、酸性で固まる、と覚えて頂いても結構です。

この工程を経れば絹は黄色＋赤でオレンジ系に、コットンなどセルロース系素材はサフロールイエローが全く染まらず赤だけのショッキングピンクに仕上がります。絹をきれいな紅色に染めたい場合は、最初の①の工程の前に、紅花花弁を冷水で揉み出して黄色を洗い流して除去します。ただ含まれている色素は黄色の方が赤に比べて圧倒的に多いので、黄色を除去するには何度も何度も洗う必要があります。

この紅花の花弁の中には、赤のカルタミンと黄色のサフロールイエロー以外に、染色に関与してくれそうな物質がほとんどないようなのです。また、もしあったとしても、この程度の染色温度では普通の色素は染まりついてくれないのかもしれません。ですので、例えばこのサフロールイエローをうまいこと取り除いてカルタミンだけで染めてあげれば、カルタミン単一色素の極めてヴィヴィッドな赤に染めることができるのです。

古来、絹の紅花染め技法というのは、黄色を取り除いて赤だけを残して染め上げる、ということが目的です。いかにカルタミンだけを残してサフロールイエローを追いやるか、ということに終始するのです。実はそのための更に合理的な手法があるのですがその話はまたいつか別の機会に……。

紅花の一覧表

汎用名	和名	学名	別名	原産地	備考
紅花	ベニバナ	*Carthamus tinctorius* (Mohler, Roth, Schmidt & Boudreaux, 1967)	紅藍花、呉藍、末摘花	北インド～近東？（野生種がないため不明）	• たくさんの冠状花が集合した花序形態。形はアザミに似る • 乾燥花弁は染料店で通常入手可能 • 現在は種から油を採る目的の栽培が主

紅花に含まれる色素の性質の違い

色	色素名	違い①　水溶性	違い②　耐熱性	違い③　染色性
赤	カルタミン carthamin	難溶 アルカリで可溶	高温で色がなくなる ※筆者の経験上 40℃台で危うい	タンパク質系：○ セルロース系：○
黄	サフロールイエロー safflor yellow	可溶	沸騰させて煮出しても問題なし	タンパク質系：○ セルロース系：×

※サフロールイエローは２種類以上の混合物です

紅花に含まれる色素たちの関係

カルタミンは実はサフロールイエローからできる

① サフロールイエローA2個からサフロールイエローBに
② サフロールイエロー B がカルタミン前駆体に
③ カルタミン前駆体がカルタミンに

という 3 段階の反応が花弁の中で起こり、カルタミンができている！

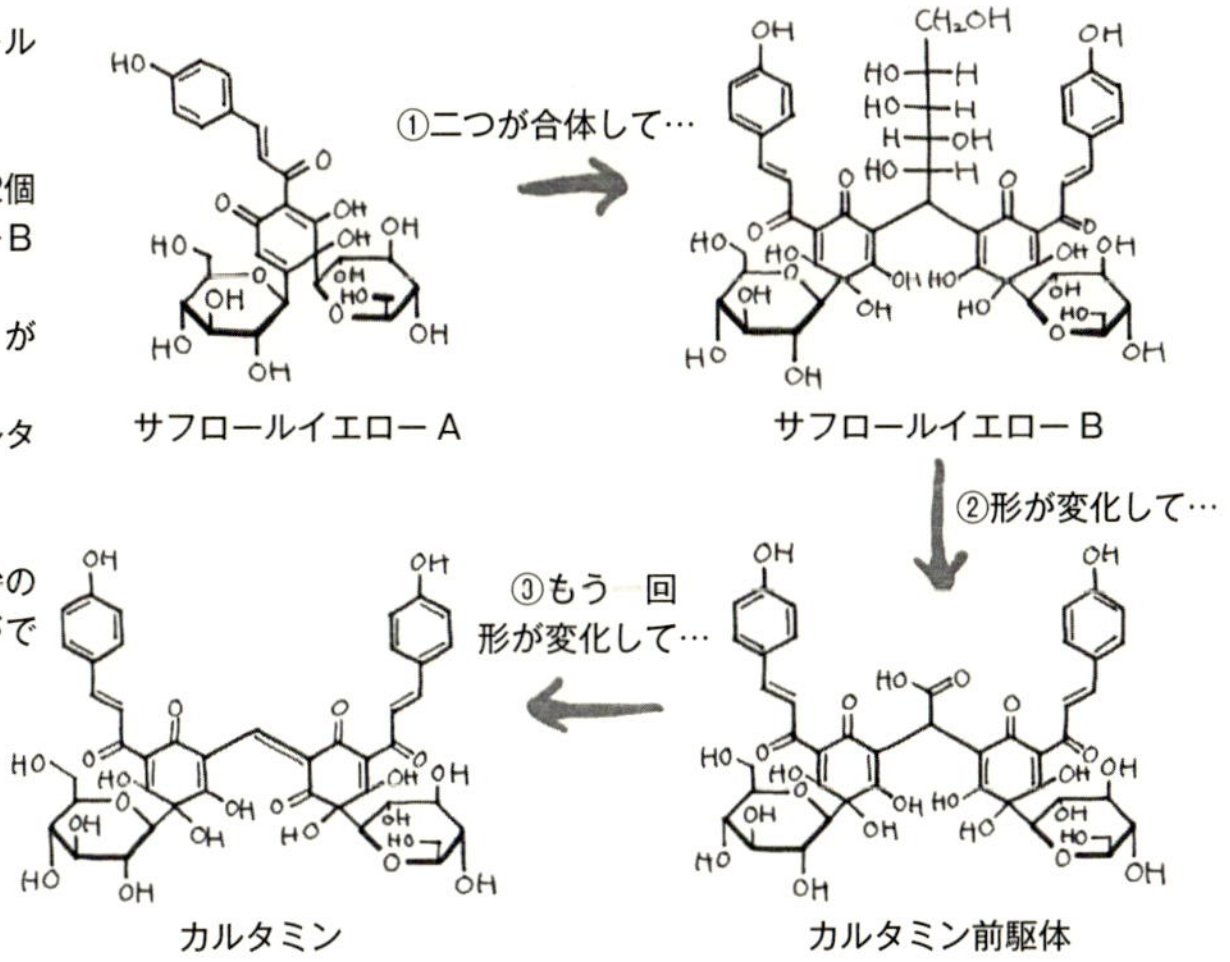

最後に、紅花の染め色は日光にもお洗濯にも大変弱いです。これは昔から知られていました。萬葉集に登場する数々の「くれなゐ」の枕詞は、その後に続くはかなくうつろいゆく人の気持ちを導いているそうです。萬葉の時代から紅花は移ろいやすい色、でも美しいからやめられない、そんな罪作りな色だったのです。

22 赤色④ 虫で染める赤、カイガラムシ

天然染料はほとんどが植物ですが、動物を使うケースもまれにあります。そのひとつがカイガラムシの利用です。カイガラムシとは植物に寄生してその樹液を吸う昆虫です。虫と言っても、一生のほとんどを1か所にくっついたままで過ごすものが多く、足も触角もないので、パッと見はあまり虫に見えないものばかり。様々な樹木にそれぞれを好むカイガラムシがいまして、たいていは害虫扱いです。この中のいくつかの種類のものは、体内に持つ赤い染料目当てに古代から利用されています。代表的なものを3種紹介します。

1．ラックカイガラムシ

主に南～東南アジアの一部地域で養殖されているカイガラムシで、いくつもの種があります。ラックとはサンスクリット語のラクシャLaksha、十万という数を表す単語由来で、字のごとく大量のカイガラムシが枝に付く様から来ているようです。以前、ラックカイガラムシの研究をされている北川美穂氏からラックカイガラムシの幼虫が枝に寄生するシーンを動画で見せて頂いたことがありまして、おびただしい数の小さな赤い（幼虫の時は体内の色素のせいか真っ赤です）幼虫がわらわらと枝のあちこちに群がっていくシーンはなかなか圧巻でした。

ラックカイガラムシは体内にラッカイン酸の各種誘導体4種を含む複数のアントラキノン系の赤色素を持っています。日本には遅くとも奈良時代には伝わっており、正倉院薬物に紫鉱《しこう》として保管されています。江戸時代になると、抽出したラック色素を綿に染みこませて乾燥させた臙脂綿《えんじわた》として輸入され、友禅染・紅型《びんがた》の色挿しや絵画の彩色に利用されました。ちなみに臙

カイガラムシの一覧表

汎用名	学名	別名	生育地	主な色素	特徴
ラックカイガラムシ	*Kerria lacca* Kusmi *Kerria lacca* Rangeeni *Kerria chinesis* など多種あり	花没薬	南～東南アジア	ラッカイン酸	• 花没薬《はなもつやく》はラックカイガラムシのこと • シードラック、スティックラックと材料状態の違うものがある。染色に使うならスティックラックが良い • 煮出す際は樹脂が軟化しない60℃程度で行うと鍋と素材が汚れず扱いやすい
ケルメス	*Kermes vermilio* *Porphyrophora polonica* など		南ヨーロッパ～地中海沿岸	ケルメス酸	• 流通することはまずない • 地中海ケルメス、ポーランドケルメス、アララトケルメスなど数種類が知られる
コチニール	*Dactylopius coccus*	洋紅 臙脂虫	中央アメリカ～南西部	カルミン酸	• シルバーコチニールとして普通に流通している • 最も色素量が多く、扱いやすい • ラックに比べ安定して鮮やかな色に染まる

脂はもともと紅花の産地だった焉支山《えんじ》（「昔は藍だった紅花」を参照ください）が由来です。中国では紅花の産地名が赤の代名詞になり、いつのころからかそれがラックの赤を意味するようになったようです。

ラックカイガラムシは数千年の遥か昔からインドを始め南アジア地域で利用され続けています。当初は薬として使われていたようですが、のちに色素の利用が始まり、現在では主にラックカイガラムシが出す分泌物を精製した「シェラック」を利用するために養殖されています。19世紀にセルロイドやベークライトなどの人工樹脂が発明される以前は、加熱成型が可能な天然のプラスチックとして様々な用途で使われてきました。例えば蓄音機時代のSPレコードはほぼ全てこのシェラック製ですし、アルコールに溶かしてラッカーという塗布剤として今も利用されています。そう、ラッカーはラックから来ているのです。色素としての利用よりも樹脂として有益だった資源昆虫でして、奈良時代に伝わったと言いながら実は今のところ正倉院宝物の中でラックによって染められた遺物は見つかっていません。数々の合成樹脂が生まれている現代においても、一部の分野ではまだ代替材料がないという貴重な素材で、例えばスマホやパソコンの部品にも使われており、様々な産業分野で活躍しています。

2. ケルメス

南ヨーロッパ～地中海沿岸に生育するカイガラムシで、そのうち最も有名なのが地中海ケルメスです。ケルメス樫にのみ寄生するので、ケルメス樫の生育地がそのまま虫の分布にもなります。カーマインやクリムゾンといった赤色を示す語源になったケルメスはしかし、現在絶滅の危機に瀕しており、簡単に手に入る染料ではありません。

ケルメスは体内にケルメス酸を主とした10種類以上のアントラキノン系の色素を持っています。その中にはラックカイガラムシにもあるラッカイン酸の誘導体も含まれます。堅牢な赤色染料として古代からヨーロッパ各地で使われており、フランスでは新石器時代の洞窟から発見されています。１４６４年に当時の法王パウロ二世が、枢機卿の服色を貝紫からケルメス赤に変更する宣言をすることで、ケルメスは染料として最上級の評価を得ます。しかし16世紀になり新大陸から後述のコチニールがもたらされると、コチニールに比べ色素量が少ないケルメスは徐々に顧みられなくなっていきます。飼育に人の手が入らなくなったことと度重なる山火事などで、現在は南フランスの一部の地域で生育するのみの、大変希少な染料となっています。

3. コチニール

中央アメリカから南西部が原産の、樹木ではなくウチワサボテンに寄生するカイガラムシです。マヤ文明やアステカ文明の時代から使われており、スペインが入植してからはその色の鮮明さと扱いやすさのためにに大量にヨーロッパに運ばれるようになります。

コチニールの色素はカルミン酸というアントラキノン類が95％を占めています。また、他のカイガラムシに比べて色素量が多く、少量で鮮やかな色に染まるのが特徴です。コチニール染めの彩りの良さは、カルミン酸自身の色だけでなく他の色素成分が少ないのも理由かもしれません。コチニールがヨーロッパにもたらされたことで、従来のカイガラムシであるケルメスは使われなくなっていきます。スペインはカナリア諸島でも養殖を始め、19世紀には原産地を超える生産量を誇るまでになります。日本にも江戸時代に「洋紅《ようこう》」という染料名で入ってきます。化学染料の台頭によりコチニールも19世紀後半から利用が激減しますが、アメリカ食品医薬品局などが承認する数少ない天然色素として、現在も一部の用途で使用されています。

以上、カイガラムシが持つ色素はそれぞれ少しずつ違う物質ですが、性質はよく似ておりどれも比較的染めやすい染料です。アルミニウム媒染で紫みの赤、鉄媒染で紫系統の色になります。また、酸性で赤みが増し、アルカリ性で青みが増します。日光に対する堅牢度も天然染料の中では優秀な方だと思います。セルロース系繊維は絹のような色には染まりません。タンニン系の染料植物で下染めをすると比較的染まりが良くなります。

今回紹介した3種は残念ながら日本に生息していませんが、私たちの身近な場所にいるカイガラムシにも色素を持っているものがいます。以前、ルビーロウカイガラムシという名前は知らずに梅木に付いていたカイガラムシをつぶしてみると、赤い汁が出てきました。身近でカイガラムシを見つけたら是非一度つぶしてみてください。赤い汁がでたらそれも益虫として染料になるかも知れません。

カイガラムシに含まれるいろいろな色素

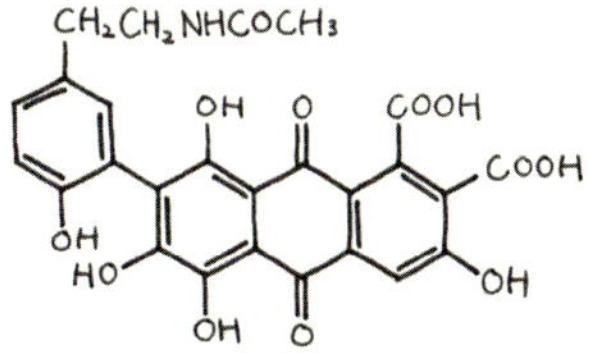

ラッカイン酸A
ラックカイガラムシに含まれる赤色素
この他にもラッカイン酸B、C、D、E、Fあり

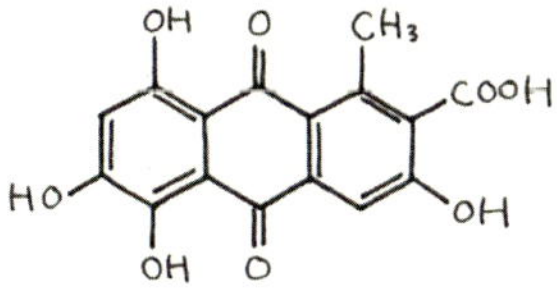

ケルメス酸
ケルメスに含まれる赤色素

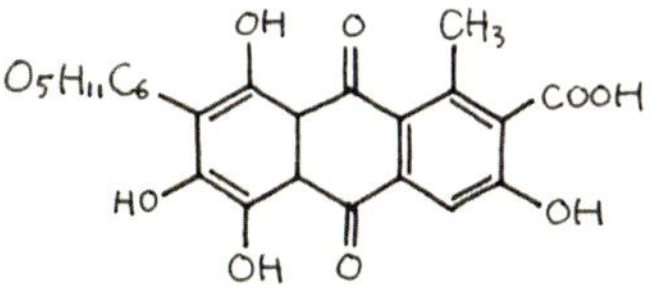

カルミン酸
コチニールに含まれる赤色素

23 青色① 酸化と還元で染まる藍1

藍は深い青色を染めるために世界中で使われている草です。ただ、同じく世界中で使われている他の主要な天然染料とは様子が違います。例えば世界のあちこちで活躍している茜やカイガラムシは、使われる地域によってそれぞれ違う種であっても分類学上は近い種同士です。そして含まれる色素も、似た構造を持つ少し違う物質です。すなわち、種も含まれる色素も、地域と風土によって少しだけ違う親戚関係、というケースが多いのですが、藍は違います。世界中で使われている藍はそれぞれ遠くかけ離れた種同士にも関わらず、関与している色素は全て同じ1種類のインジゴという物質なのです。これはインジゴが他の色素と違い、私たち生物にとってより普遍的な物質から生まれているからなのでしょう。実際、インジゴは重要なアミノ酸の一つであるトリプトファン由来の物質です。これ以上の意味を求めると少々オカルトになりそうなので邪推はやめますが、藍という染料と色が悠久の昔から世界中で愛され続けてきたのは、色が素晴らしいから、という理由だけではなくこんなところも関わっているのではないか、とあくまで個人的にですが、思っています。

では、世界で使われている主な藍をざっと紹介しましょう。

1．印度藍　マメ科

インド原産。東南アジア一帯で使われている。古代より indigo と言われ藍の代名詞。

2．蓼藍　タデ科

インドシナ半島原産と言われ、中国東部、朝鮮半島、

世界の含藍植物

汎用名	和名	科名	学名	別名	生育地	加工タイプ	備考
印度藍（いんどあい）	タイワンコマツナギ	マメ科	*Indigofera tinctoria*	木藍、インディゴ	東南アジア一帯	沈殿系	•沈殿抽出したものを印度藍と称し、染料店で普通に入手可能 •色素含有量は最も多いと言われる
南蛮駒繋（なんばんこまつなぎ）	ナンバンコマツナギ	マメ科	*Indigofera suffruticosa*	木藍、アニル ※印度藍と混同されることあり	中央アメリカ、アフリカ中央部東海岸	沈殿系	•古代マヤの利用は顔料的なもの •現在は沖縄でも多用されている •印度藍同様に色素含有量が多い
蓼藍（たであい）	アイ	タデ科	*Persicaria tinctoria*	藍、藍草 ※日本国内で藍と言えば通常はこの品種	中国東部、朝鮮半島、日本	堆肥系	•室町時代頃から蒅（すくも）への加工がはじまり一般的になる •江戸時代から徳島産が主だが岡山、栃木など他の地域でも生産あり
琉球藍	リュウキュウアイ	キツネノマゴ科	*Strobilanthes cusia*		沖縄諸島、台湾、中国南部～東南アジア北部	沈殿系	•沖縄では沈殿抽出後乾燥させずに半泥状態のものを「泥藍」として流通 •沈殿させない利用法もあり
ウォード	ホソバタイセイ	アブラナ科	*Isatis tinctoria*	※ヨーロッパの各地域によって様々な呼び名がある	ヨーロッパ全域	堆肥系	•古代よりボール状に練り固め（これもウォードと称する）染料化して使用 • 16世紀の印度藍流入によって栽培・加工は減少 •色素含有量は少なめ
蝦夷大青（えぞたいせい）	ハマタイセイ	アブラナ科	*I.tinctoria* L.var.yezoensis (Ohwi) Ohwi	北海道藍、セタアタネ（現地名）、菘藍	北海道、朝鮮	不明	•ウォードと全く同種との見解もあり •アイヌの人々が染めていたと言われるが、実際は不明

日本で使われている。

3．琉球藍　キツネノマゴ科
インドのアッサム地方、もしくはタイ～ミャンマー周辺原産と言われ、沖縄で使われている。中国南部～ベトナム周辺のミャオ族、トン族など、少数民族もこの種の藍を使用。

4．ウォード　アブラナ科
ヨーロッパ原産。ヨーロッパから北アジアまで広い地域で使われていた。中世以降ヨーロッパに印度藍が輸入されてからは利用が減少。

これら含藍《がんらん》植物（藍染めができる植物の総称）は、藍の色の正体である青色素インジゴをそのままの形で持っているわけではありません。インジカンという前駆体（化学用語、主役物質に変わる前の物質のこと）が主に葉の中に含まれており、これが2回反応を起こすことでインジゴになります。次の項でこのあたりを詳しく説明します。

24 青色① 酸化と還元で染まる藍2

印度藍や蓼藍など含藍植物の葉の中にたくさん含まれているインジカンは配糖体の一種です。

配糖体とは、「何らかの物質」とブドウ糖とが結合してできた様々な植物内物質の総称です。「何らかの物質」の種類が大変多いので、配糖体もそれだけたくさんの種類があります。そして、この「何らかの物質」と配糖体は酵素《こうそ》が働くと切り離されて「何らかの物質」とブドウ糖の2つに分かれてしまいます。この「何らかの物質」の総称を専門用語でアグリコンと言います。実は天然染料の色素分子は大抵の場合このアグリコンとして配糖体の中に組み込まれて植物に含まれており、ブドウ糖と別れることで色素としての新しい人生(ヒトでもなければ生きてもいないですが)をスタートするのです。

話が少々複雑に感じられるかもしれません。ただ、配糖体・アグリコン・色素の関係は、天然染料の染色を科学的に理解するための重要なポイントのひとつだと思います。逆にこのあたりを知っていると、学者さんの難しそうな話もわかりやすくなることが多いと思います。色々な側面から天然染料を知りたい方は把握して頂けると嬉しいです。なお、水にとても溶けやすいブドウ糖が必ず体の一部にいる配糖体は、それ自体も水溶性です。配糖体と言えば水に溶けやすいもの、と思って頂いてほぼ間違いないです。

さぁ、話を戻します。この配糖体であるインジカンに、インジカナーゼという酵素が働くとブドウ糖が外れてインドキシル(これがアグリコンです)という物質が出てきます。そして、このインドキシルは酸素が存在する環境であれば2個同士どんどん結合し合います。そうしてできるのがインジゴです。

植物の葉にいるインジカンからインジゴへ

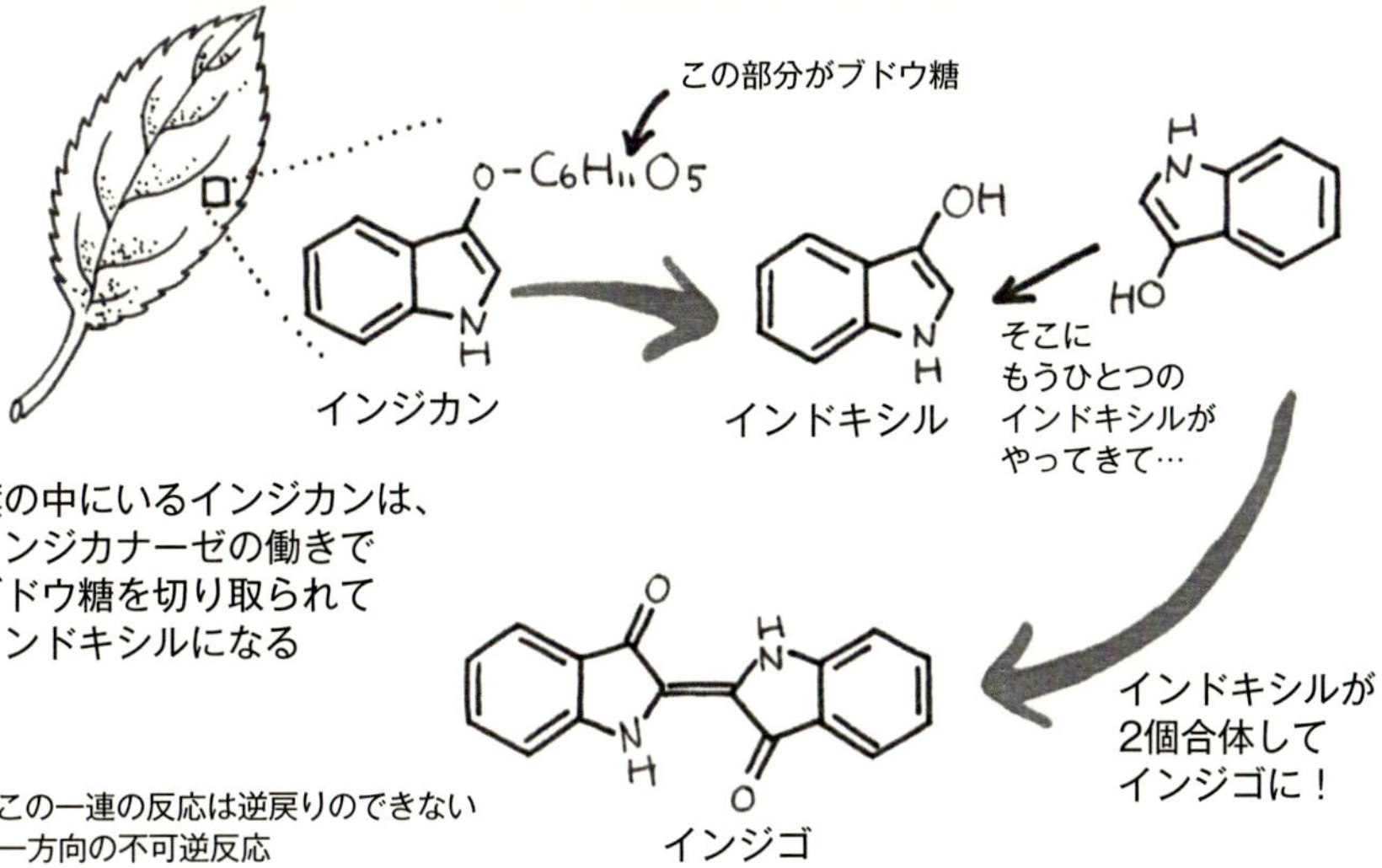
この部分がブドウ糖
$O-C_6H_{11}O_5$
インジカン
インドキシル
そこに
もうひとつの
インドキシルが
やってきて…
葉の中にいるインジカンは、
インジカナーゼの働きで
ブドウ糖を切り取られて
インドキシルになる
インドキシルが
2個合体して
インジゴに！
インジゴ

※この一連の反応は逆戻りのできない
一方向の不可逆反応

この3つの物質の性質を見てみましょう。

- インジカン…無色透明、水に溶ける
- インドキシル…無色透明、水に溶ける
- インジゴ…濃い青色、水にほとんど溶けない

葉の中にいるインジカン、そして酵素によってアグリコンとなって出てきたインドキシルは、どちらも無色で水に溶けます。ですが、インジゴはご存じの通り深い青色で、これは水にほとんど溶けません。

この3つの物質の変わり方とそれぞれの性質を利用して、古くから色々な地域で含藍植物を使って沈殿藍や蒅《すくも》などの染料に加工していました。染料への加工の方法は大きく分けて2種類です。本書では、沈殿系と堆肥系という言葉を使って解説します。

A．沈殿系

① 含藍植物を収穫し水に数日浸ける。これにより水溶性であるインジカンと酵素インジカナーゼが水に溶け出し、酵素の作用でどんどんインドキシルに変わる。

② 液から植物を取り去る。液に石灰を適量加え、激しくかき混ぜる。かき混ぜられることで空気中の酸素

が液内のインドキシルと出会ってインジゴに変化していき液が紺色に変わる。石灰は水に溶けにくい物質のため同じく水に不溶のインジゴが凝集するためのきっかけ物質役として投入。インジゴが生成されて液が紺色になったら数日静置しインジゴの沈殿を待つ。

③　上澄み液を取り去り残った沈殿物を乾燥して完成。

※沈殿系の特徴…堆肥系より短時間で完成し、色素含有量も多い。ただ醗酵工程を通っていないため、その後の藍染め液を作る際に醗酵しにくいという説あり。

B．堆肥系

①　収穫した含藍植物を天日乾燥させて葉と茎に分ける。時間をかけて天日乾燥することで葉内のインジカンが酵素インジカナーゼによりインドキシルに変わる。場合によってはそのままインジゴにまでなる。

②　完全に乾燥した葉に水を適度に含ませ時間をかけて徐々に醗酵させる。様々な菌、微生物の力を借りてインドキシルからインジゴへの反応を促す。

③　充分に醗酵させたら自然乾燥して完成。

※堆肥系の特徴…乾燥葉を濡らしてから完成まで数か月かかる。また葉の全てが加工品となるためインジゴ含有量は少ない。が、加工過程で醗酵しているためか不純物が多いためか、藍染め液の醗酵が沈殿系より起こりやすいと言われる。

沈殿系も堆肥系も最終的にインジゴを得るための工程です。ですがインジゴは先述の通り水にほとんど溶けません。繊維に色素をくっつけるためには、まず色素が水に溶けてくれなければ何も始まりません。ではこの水に不溶のインジゴをどのようにして染色に使うのでしょうか?

インジゴという分子には酸素が2か所飛び出ているところがあります。理由はさておきこの場所、電子がとりつきやすいようです。何かの方法でここに電子というマイナスの小さなツブツブを連れてくると、酸素が電子を取りこんでマイナスの電気を帯びた手に変身します。この、電気を帯びた手というのはとても水分子とお友達になりやすいのです。すなわち、水分子と友達になる手を2本得たことで、インジゴ自体が水に

インジゴとロイコ体はいったりきたりの関係

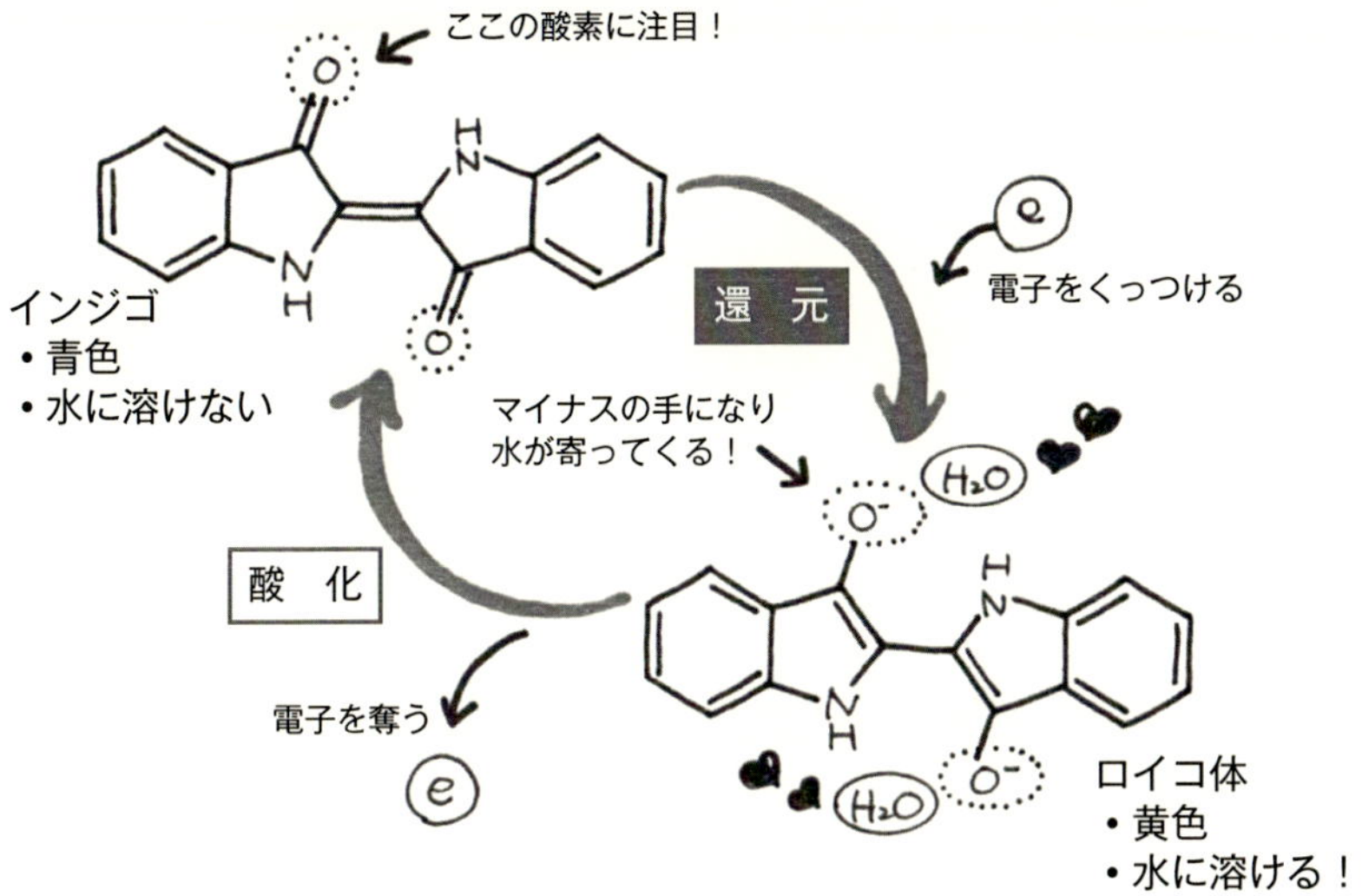

溶けるカラダに変わります。そしてついでにその時に色も黄色系に変わってしまいます。この状態になったインジゴのことを「ロイコ体」と言います。

ですが、この電子を帯びた手はなんといっても付け焼刃。電子は変わり身が早く、近くに電子好きなものがやってくるとすぐそっちに鞍替えします。私たちの身の回りで最も身近な電子好きは空気中に豊富にある酸素分子です。この状態で酸素分子を連れてきてあげると、ロイコ体の手にいた電子は薄情にも酸素分子に移動してしまいます。すると、ロイコ体はせっかく水とお友達になってくれていた手を2本とも失ってしまい、また元の水に溶けないカラダ、すなわちインジゴに戻ってしまいます。もちろん色も青に戻ります。

電子が手に入ることを化学の世界で還元、電子を失うことを酸化と言います。インジゴは、還元されて水に溶ける黄色系のロイコ体になり、酸化されてインジゴに戻るのです。この、電子の抜き差しでコロコロ身の置き方を変えてしまうちょっと優柔不断そうなインジゴの性格を利用して、藍染めをするのです。具体的な染め方は3に続きます。

25 青色① 酸化と還元で染まる藍3

電子がくっついたり離れたり、すなわち還元されたり酸化されたりして、水に溶ける黄色いロイコ体⇅水に溶けない青のインジゴ、という風に姿を変える藍の色素インジゴ。では、その染め方を解説します。

① 何らかの方法でインジゴを還元し、ロイコ体にした染液を作る。水中には酸素分子が少ないので、ロイコ体は酸素と出会うことなく（再酸化されて水に溶けない状態に戻ることなく）水中で水分子と手をつないだ、すなわち溶けた状態でいる。

② 染液に繊維を浸ける。するとロイコ体は友達の水分子たちに連れまわされて繊維分子のあちこちにいき、繊維分子とくっついたり離れたりする。

③ ロイコ体が充分繊維分子のあちこちに行き渡ったところで、繊維を液から引き上げて絞って広げる。すると空気中の酸素分子が繊維分子のあちこちにいるロイコ体と出会い、ロイコ体の手にとりついていた電子を奪う。すなわちロイコ体は酸化される。

④ 繊維分子とたまたまくっついていたロイコ体は酸化され、繊維とくっついたまま水に溶けないインジゴに戻る。すなわち繊維にくっついたまま水に溶けず定着、となる。また、同時に色も青になる。

という段取りです。藍染めは還元されている状態で染めて酸化させて定着と発色を促す、と言われるのはこういう仕組みによります。

「何らかの方法」ですが、現代は亜ジチオン酸ナトリウム（通称ハイドロサルファイト、略してハイドロ）という強力な還元剤（すなわち他人に電子をくっつけまくる物質）があります。これを使い、インジゴをロ

藍染めが染まるしくみ

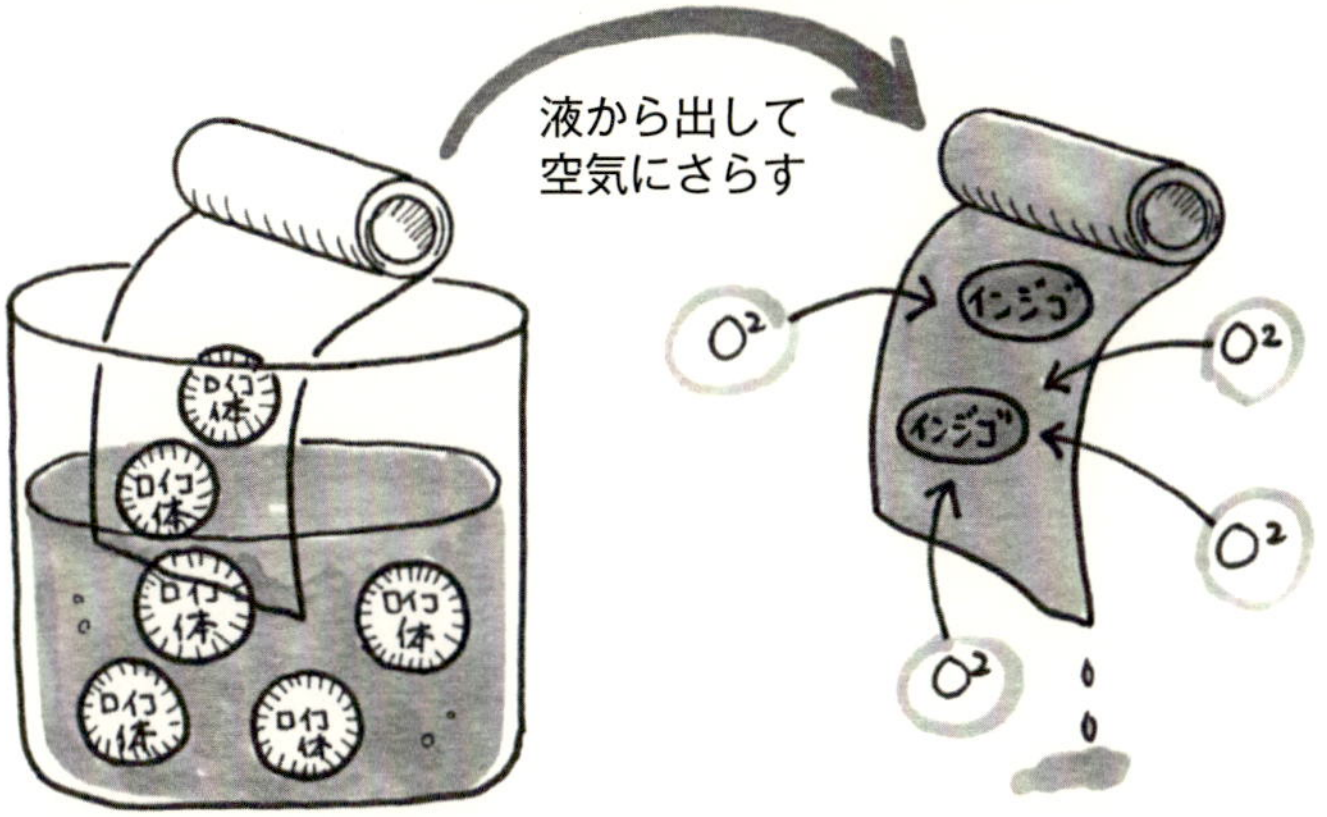

ロイコ体は水に溶け、
繊維の中に入っていく

空気中の酸素で酸化され、
ロイコ体からインジゴに変わる
→水に溶けず定着し、青色に発色する

イコ体に還元させて染色をします。ですがそんな薬品が作られる前は、「何らかの方法」として目に見えない菌たちの力を借りていました。電子を他人に押し付けやすい、すなわち他人を還元しやすい物質をたまたま作り出す菌（還元菌と言います）が私たちの周りにはいます。あらかじめ沈殿藍や蒅を入れた甕に、還元菌をうまいこと呼び込み、甕の中で育てて、彼らの出してくれる天然の還元剤でインジゴをロイコ体に変えて、藍染め液を作るのです。このような、還元菌の多大な協力を得て藍の液を作ることを、昔から「藍を建てる」と言っています。この、菌による醗酵によって藍を建てる工程は、言うは易しですが行い難しです。目に見えずどこにいるのかもわからない菌たちを常に良き状態に保つには、豊富な経験と注意深い観察力が必要です。更に、その土地の環境、使用する蒅など染料の状態、使う助剤などによっても状況が変わります。先述しているインジゴの話や染まる仕組みと言った理論的な事柄の他に、ままならない外的環境がいくつも関わってくるのです。ですから、藍の建て方というのはひと筋縄ではいかず、本当に様々なのだろうと思います。

筆者が時々訪れる栃木県の紺邑《こんゆう》さんは、一般的な天然の藍建て工房とはちょっと違います。一般的な藍建てに使用される石灰は一切使いません。お酒も使いません。小麦ふすまの使用は最小限です。灰汁《あく》、貝灰《かいばい》、最小限の小麦ふすま、そして自家製の蒅が材料です。ただし、灰汁をとるための木灰は普通誰かに分けてもらうのですが、こちらは全て主人の大川さんお手製で、時間と手間をかけてとても質の良い灰を作ります。一般的な藍建て工房の藍染め液は数か月から長くても半年くらいで使えなくなることが多いのですが、紺邑さんの液は1年経っても使用可能で、2年生きるものもあります。一般的に必要とされる液の撹拌もほとんどしません。そして、これも一般的とされる、藍の華というものもあまり確認できません。ですが、とても透明感のある美しい様々な濃度の縹《はなだ》色を染め出します。紺邑さんの藍甕と染め色を見ていると「一般的な藍建て」とはなんだろう、と思います。残念ながら今は天然醗酵の藍建て工房はとても少なくなってしまっていますが、江戸時代には日本中にたくさんの藍染め工房がありました。地域と染め師によって様々な藍建て方法と様々な藍染め液があったのだろうと思うのです。その後藍染め工房が減るうちに、様々なバリエーションのひとつが、現在たまたま「一般的な藍建て」になってしまっただけなのではないか、と想像するのです。現在一般的とされる藍甕も、紺邑さんの藍甕も、昔は多様な藍建ての中の1バリエーションでしかなかったのではないか、と思います。それを、こちらが一般的、あちらが亜流、としてしまうと、極めて複雑なことが多数関わる藍建てをするための対応力がなくなってしまうのではないか、と思っています。筆者は藍の専門家ではないのでこれ以上の考察ができませんが、藍染も、他の天然染料も、手がける人間が少なくなってしまった今だからこそ、その本来の多様性を失わないように気をつけるべきなのかな、と思っています。

少し話がそれました。藍の染め方でもう一つ「生葉染め」というのがあります。これは、含藍植物の葉にいるインジカンやインジカンから分かれるインドキシルの状態で水に溶けているうちに繊維にくっつけて、インジゴになってもらい定着させる、という方法です。生の藍の葉があれば、その葉を揉み出した液に繊維を浸けることで染めることが可能です。藍染めも最初はこの方法だったのではないかとされています。ちなみに、インジゴ⇄ロイコ体はどちらにも動く可逆反応ですが、インジカン→インドキシル→インジゴは、逆には戻ることのできない一方通行の反応です。ですからインジゴからインドキシルには戻りませんし、インドキシルとロイコ体はもちろん全く別の物質です。

最後に、藍染は他の染料と違ってコットンなどのセルロース系繊維のほうが、絹などのたんぱく質系繊維よりも染まりやすい性質があります。これは、インジゴ分子のある部位と、セルロース分子が綺麗に並んでいる状態（結晶状態と言います）のある部位がとても相性が良く、しかも、その部位同士が2か所でピッタリ重なるようなのです。これは、高エネルギー加速器研究機構・構造生物学研究センター所長の千田俊哉教授が教えてくださいました。千田先生はあくまで仮説でありこれを実験で確認するのは難しい、とおっしゃっていますが、図を見ると本当にぴったりです。なぜコットンの方がインジゴと相性が良いのかよくわからなかったのですが、お互いの分子の形がたまたまピッタリだからなのかもしれません。染色に限らず、自然の事象というのは偶然の出来事がとても重要な振る舞いをすることが本当に多いな、と思うのです。

セルロース分子にインジゴ分子がピッタリはまる!?

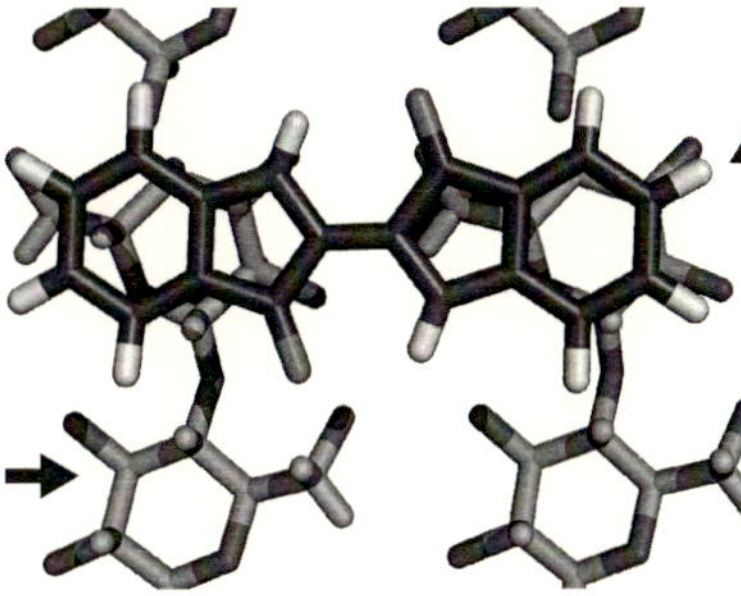
インジゴ分子。縦方向に整然と並んでいるセルロース分子の隣同士の6員環の距離と、インジゴのベンゼン環の距離が同じ
縦方向にブドウ糖が数珠つなぎに連なるセルロース分子。六角形は炭素5つと酸素1つでできるブドウ糖の6員環
縦方向にブドウ糖が数珠つなぎに連なるセルロース分子

インジゴ分子のベンゼン環とセルロースの6員環は相性が良く、π-CH相互作用という力でくっつきやすい。セルロース分子が縦に並んで結晶構造を作っているところにインジゴ分子を横置きすると、インジゴの2つのベンゼン環と、セルロース分子の隣同士の6員環とがたまたま2か所で重なる！　こうやってコットン素材にインジゴがくっついているのかもしれない

26 青色② 秋限定の透明な青、臭木

臭木《くさぎ》は日本全国に分布している落葉の小高木です。以前はクマツヅラ科に属していました。筆者が所持する天然染料に関する書籍も全てクマツヅラ科となっています。ですが、現在はシソ科に分類されています。

名前の由来は、葉の裏の独特の香りです。ニンニク臭に近いと筆者は思います。においを覚えれば、臭木の下を通るだけで気づくほどです。地域によって微妙なずれはあると思いますが、10月末～11月初旬にかけて真っ赤な萼《がく》が目立つ黒紫の実を付けます。

藍を除けばとても貴重な臭木の青色は、この実を採取して染めます。乾燥させて保管が可能な天然染料が多い中、この臭木の実は生のままでないと染まらないと言われています。収穫してすぐに染められない場合は冷凍しても使用可能です。ですが、冷凍庫のなかった時代は保存ができないため秋にしか染められない季節の染料だったのでしょう。ただ、乾燥させると本当に染まらないのかどうかは、筆者は乾燥させて試し染めをしたことがないので、ことの真偽はわかりません。

染め色は透明感のあるうすい青色です。筆者は濃色の青色を臭木で染めたことがないのですが、山崎青樹氏著の「草木染染料植物図鑑」によると、何度も染め重ねることで濃い青も染め出せるとのことです。この実は媒染なしで染まることでも有名です。臭木の実が持っている青色素はトリコトミンといって複雑な形をしています。化学構造式を見ると金属イオンがとりつつくれそうな場所が見当たらないので、確かに言われている通り媒染してもあまり意味がないかもしれません。

臭木の実がいつごろから日本で染色に使われていたのかは不明ですが、江戸時代以降のいくつかの文献で

臭木のプロファイル

汎用名	学名	別名	生育地	主な色素	特徴
臭木（くさぎ）	*Clerodendrum trichotomum*	山楮（やまこうぞ）、臭桐（くさぎり）	日本、朝鮮、中国	トリコトミン	・染料店には流通しないため自分で採取する ・葉の裏に独特のにおいがある

臭木の実に含まれる主な青色素

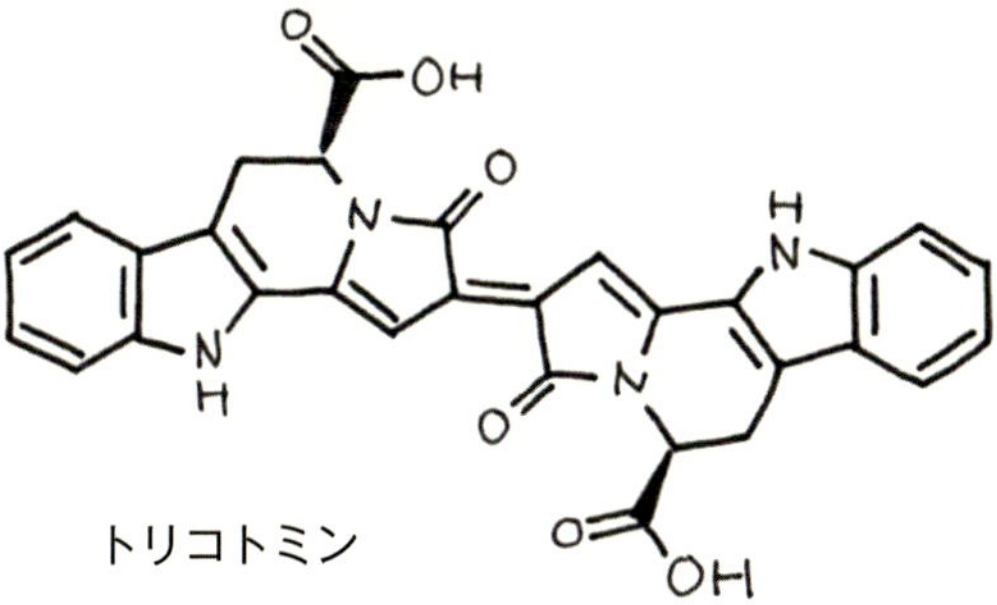

トリコトミン

染料としての使用に関する記述や、実際の染色方法が書かれています。例えば1784年発行の女万歳宝文庫《おんなばんせいたからぶんこ》という書には、

水あさぎ染め様は、灰汁3升の中へ臭木の実を1升入れて1升5合に煎じ詰め、実をうちひしぎ汁をこして染むるなり

とあります。かなり煮詰めますし、最後は実をつぶすようです。この書はいわゆる往来物といわれるもので、女性の家事など修身教育に使われる本です。同じ青を染める藍染めは専門技術とスペースが必要ですが、先述のように臭木は媒染せずとも染められます。「水あさぎ」とは、水浅葱色のことで、本来は藍で染める薄い青色です。江戸時代では、藍の代わりに家庭で手軽に青が染められる親しみやすい植物染料として、人気だったのかもしれません。

27 青色③ 染まらない植物染料、露草

露草は、北は北海道から南は沖縄まで全国いたるところの湿地や道端、畑地など、どこにでもみかける一年草の植物です。6月から9月にかけてきれいで清楚な青々とした花をつけます。我が国では古来この花弁を利用して、衣に色をあしらってきました。

露草の花に含まれる青色素コンメリニンは、いくつものアントシアニン分子、フラボン分子、そしてマグネシウムイオンによって形成されている「自己組織化超分子金属錯体色素」のひとつです。

露草の色素、なにやらすごそうな肩書ですよね。でも、「アントシアニン」は耳にされたことがおありの方も多いと思います。アントシアニンとは、アントシアニジンという特定の形を持った物質とブドウ糖が合体した配糖体の総称です。配糖体については「酸化と還元で染まる藍2」をご覧ください。アントシアニンは花の色素に深く関与する物質として様々な研究がなされてきました。ですがアントシアニンには化学の世界では不可解な点がありました。それは、いくつもあるアントシアニン（正確にはアントシアニジン）の分子の形はそれほどバリエーション豊富ではないのに花の色は赤～紫、青まで、とても色彩豊かであること、そして花の中にいる時は何週間も美しい色を保つのに、花の搾り汁はすぐに茶変したり褪せたりして安定してくれないことです。

現在は研究が進み、花の色とその性質は、それぞれのアントシアニン単体から説明できるような単純なことではなく、アントシアニンや他の物質がたくさん集まってとても大きな塊を作り、その集まり方によって色が変わったり安定したりする、ということがわかってきています。どうも、酸性とアルカリ性でアントシ

アントシアニジンの化学構造式とそのバリエーション

- アントシアニジンは図の基本構造を取り、R[1]からR[7]の7か所にそれぞれ違う手が付くことで違うアントシアニジンとなります
- ただ、それぞれのアントシアニジンはそれほど特異な特徴を持たないため、なぜこの程度の違いであそこまで色が異なるのか、というのが長年の疑問でした

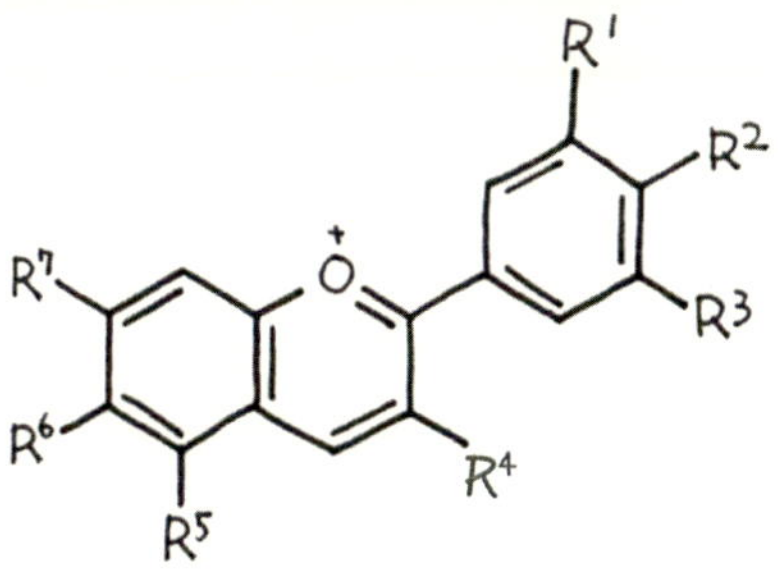

アントシアニジン名	R[1]	R[2]	R[3]	R[4]	R[5]	R[6]	R[7]
ペラルゴニジン	H	OH	H	OH	OH	H	OH
シアニジン	OH	OH	H	OH	OH	H	OH
デルフィニジン	OH	OH	OH	OH	OH	H	OH
オーランチニジン	H	OH	H	OH	OH	OH	OH
ペオニジン	OCH_3	OH	H	OH	OH	H	OH

※他にもまだあります

アニンの色が変わる、といった単純な機構ではないようなのです（アサガオの花の色だけはこの単純な理由だそうです）。たくさんの分子が相性の良い形や部位同士、秩序だって集まって更に大きな分子を形成している状態を超分子と言います。アントシアニンが超分子になるときにはマグネシウムなど金属イオンがその中心になることが多く、先ほどの大仰な肩書は、「金属イオンを中心にして、たくさんの分子が自分たちで勝手に、しかし秩序だって集まってできた大きな分子の塊の色素」といったようなニュアンスでしょうか。現在は、X線や電子を使って分子レベルの立体構造を観測することが可能です。この技術の利用により、超分子として存在している花の色素についていろいろなことがわかってきているようです。

　筆者もこれ以上突っ込まれるとボロが出てしまいます。更なる詳細は是非ご自分でお調べいただければと思います。いずれにせよ、昔から人々に愛されている花の色は現在も最先端の研究対象になっています。最先端の難しいことをされている化学者さんも結局は花の色がお好き、ということなのかもしれません。

話を戻します。色とりどりの美しい花びら。しかしながら花の色は生地になかなか染まり付いてくれません。そしてアントシアニンの不思議な点で先述したとおり、花から採りだすと色が変わりやすくなってしまいます。このことは世界中の人たちがすでに昔から気づいていたのでしょう。紅花などごく一部の例外を除いて、世界中どこを探しても花を使った堅牢な染色文化というのは見当たりません。ちなみに、紅花の赤色素カルタミンはアントシアニンではなくカルコンという違う種類の物質です。

さて露草の青色素は、花の色素の中でも少し変わっています。まず、花から採りだしても他の花色素に比べて変わりづらく安定しています。ですが、繊維には全く定着しません。花の色素はうすいグレー程度に生地を汚すものが多い中、露草の青は、跡形もなく水で全てきれいに流れて出てしまいます。この、色が比較的安定している性質を昔の人も知っていたのでしょうか。日本では古くから着物を色づけることに利用されています。染まり付かないのを知っていて、です。

露草は古来「つきくさ」と言われていました。花の色が着物に付きやすいため、または月影に花開くためなどから花名が来たとの説があります。月草が使われている歌が萬葉集に9首残っています。

月草に　衣色どり摺らめども　うつろふ色と言ふが苦しさ

（露草で着物を摺り染めしようと思うけどすぐ色変わりするらしいし心配だわ、そしてその不安な気持ちは今の彼氏にもあるの……）

といった感じでしょうか。彼への気持ちはさておき、他の歌も含めてこの露草は、すでにこの頃から色が落ちることを前提で染めていたようなのです。また、露草を使うときはこの歌にもあるように大抵「摺り染め」手法を使っていたようです。江戸時代に書かれた著名な百科事典「守貞謾稿」によれば、摺り染めとは板を彫って生地を貼り、生の花や葉を入れた袋で摺りつけながら染めるとのこと。板の彫柄が生地に付くのでしょうけど水洗いすればすぐに落ちてしまいます。思うに、露草の摺り染めは花が咲いたら自分で花を摘んで染めて、その季節だけ楽しむ、といった夏の風物詩だったのかもしれません。染めては洗い、また染めては洗い、そして花のシーズンが終わってまた来年のお楽しみ、と言ったところでしょうか。まるで季節の野菜や果物をその期間だけ楽しむのと同じような感覚です。現代の私たちの染色に対する考え方とはかなり違いますが、少し羨ましくも思います。

この露草、色自体は強いが布に染めても水で簡単に流れてしまうという性質を利用して、友禅の下書き染料として利用されるようになります。江戸時代にはすでに今の滋賀県草津市が著名な産地とされ、露草の変種である大帽子花《おおぼうしばな》という品種を栽培して、花弁から色素をとり和紙に充分色素を含ませたものが「青花紙《あおばながみ》」として染色界で流通していました。

染まらないことで有名な露草ですが、草木染研究家の山崎青樹氏が繊維に定着する染色方法を開発し、現在は絹地であれば染色可能です。氏の著書「続々草木染染料植物図鑑」に染手法が掲載されています。ご興味がおありでしたら、路傍の露草で絹のハンカチをきれいな花色に染めてみてはいかがでしょうか。

露草のプロファイル

汎用名	学名	別名	生育地	主な色素	特徴
露草（つゆくさ）	*Commelina communis*	月草、鴨頭（つき）草、蛍草（ほたるぐさ）	日本を含む東アジア	コンメリニン	•流通はせず、自生の花弁を採取する •花は夏に開花する一年草 •早朝開花し、昼過ぎには萎れてしまう
大帽子花（おおぼうしばな）	*Commelina communis* L. var. hortensis Makino	青花	日本	不明だがおそらくコンメリニン	•露草の変種。栽培種として花弁を使用 •青花紙を取るために栽培されている •産地として滋賀県草津市が有名

月草が登場する歌と物語

月草に　衣は摺らむ朝露に　濡れての後はうつろひぬとも（萬葉集　巻第七　読み人知らず）
「朝露に濡れて色が褪せてしまっても良い、月草で摺り染めをしましょう」
朝になれば気持ちの変わる移り気な相手であっても共にすごしたい、という気持ちの隠喩が含まれている、と言われています。この歌はよほど人気だったらしく、古今和歌集にも収められています。

月草の　うつろひ易く思へかも　我が思ふ人の言も告げ来ぬ（萬葉集　巻第四　坂上大嬢（さかのうえのおおいらつめ））
「月草の染め色のように移ろいやすい気持ちで思われているからでしょうか、恋しいあなたから便りもなにも来ないのは」
大伴家持の妻が夫である家持におくった歌とされています。

姫宮は、まして、なほ、音に聞く月草の色なる御心なりけり…（源氏物語　総角（あげまき））
「姫君はさらに言いました『やはり、うわさ通りの月草の染め色のように気変わりの多いお人だったのだ…』」
源氏物語にもあります。宇治川の紅葉狩りで密かに匂宮と会おうとした姫が会えずに不満を言うシーンです。しかし、ここまで比喩にされる月草の摺り染め、かわいそうになってきます。

28 黄色① ふたつの刈安

刈安《かりやす》はススキによく似た多年生の草本です。ススキと一緒に生えていると少し小ぶりで葉の縁のガラス質が弱いので、慣れるとすぐわかります。

刈りやすい、というところから名前がついた刈安は、古くから黄色を染める重要な染料植物です。刈安が持っている主な色素はルテオリンというフラボンの一種です。

刈安の黄色は特徴的です。筆者は、「寒そうな黄色」といつも表現していますが、少しだけ青みを感じる、透明感のある黄色です。梔子《くちなし》や櫨《はぜ》とはまったく違う黄色です。延喜式縫殿寮の雑染用度に掲載されている37色分の材料リストには、黄色を染める染料として、櫨、梔子、黄蘗《きはだ》、そしてこの刈安の4つが名を連ねています。37色の中には2つの植物染料で染め重ねをして得られる色がいくつもあります。櫨と梔子は必ず赤系の染料とペアを組んで染める色に使われ、この刈安は紫草や藍など、青系の染料を使って緑系を染め出すときに使われます。色を見れば一目瞭然なので当たり前と言えば当たり前なのですが、古代の染め師たちも、刈安と赤系統を混色すると濁ることを知っていたのでしょう。

また、同じく延喜式にはこの刈安を単独で使用して黄色を染めるとも記されています。黄蘗でもなければ梔子でもなく（梔子は単独の染め色がありますが別の色名です）、この刈安の独特の色が平安時代の標準的な黄色だったのでしょう。

「ところ変われば色変わる」のトピックでもすでに紹介していますが、滋賀県の伊吹山中腹に植生している刈安を伊吹刈安、古くは近江刈安と称して、昔から品質の良い刈安の代名詞でした。延喜式の巻第十五の

ふたつの刈安のプロファイル

汎用名（和名も同じ）	学名	別名	生育地	特徴
刈安 （かりやす）	*Miscanthus tinctorius* Hack.	山刈安、近江刈安、黄草（きぐさ）、かいな、青茅	日本を含む東アジア	•乾燥したものが染料店で流通している。全草を使用 •伊吹山で採れる刈安が上品である
小鮒草 （こぶなぐさ）	*Arthraxon hispidus* Mak.	刈安、八丈刈安、かいな	日本を含む東アジア	•染料店などでは見かけたことなし。よく群生しているので自分で採取可能。筆者は農家の方に分けて頂き全草を使用 •葉の元部分が茎を巻き包みながら生えているのが特徴でわかりやすい

●刈安
ススキに似た長い葉。
ススキのような葉の
鋸歯はあまりない

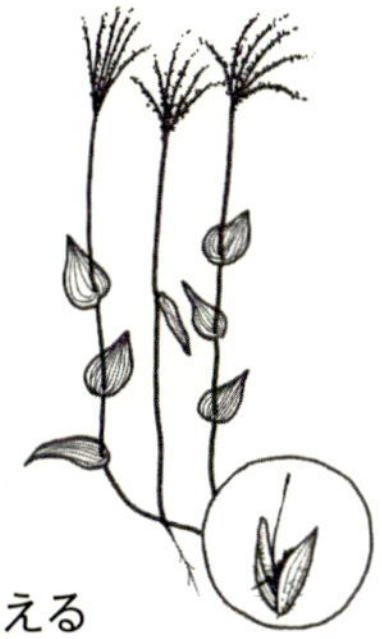

●小鮒草
背丈は50cmもない。
茎の根元は地を這って
いることが多い。
葉が茎を巻き包んで生える

内蔵寮に記されている、諸国がそれぞれ納めるべき産物の品名と分量を見てみると、刈安を納めるよう指示されている地方は近江国と丹波国の2か所のみです。例えば茜や紅花などは中国、近畿、東海、北陸、関東と多くの地方から納められていますが、この刈安は昔からよほど地域によって品質差があったのでしょうか。少なくとも、近江刈安は今から千年以上も前にすでに産地ブランドの地位を築いていたようです。

ところで、刈安と同じイネ科に、小鮒草《こぶなぐさ》という一年草があります。刈安はイネ科ススキ属で、この小鮒草はイネ科コブナグサ属です。刈安とは違う植物なのですが、実はこの小鮒草も地域によっては「刈安」と呼ばれている染料植物なのです。葉の形が小さな鮒に似ているところから名が付いたと言われるこの小鮒草、見た目が典型的な雑草なのですが、染めると、刈安よりはすこし青みが少ない、同じような美しい黄色を染め上げます。小鮒草の主成分もやはりルテオリンです。

伊豆八丈島では古来この小鮒草を使って黄色を染めており、現地では刈安と呼ばれています。ススキ属の刈安と区別するためか、八丈刈安とも言われています。

八丈島といえば黄八丈の縞柄や格子柄が有名です。あの黄色は全てこの八丈刈安、すなわち小鮒草で染められています。

……と、ここで話を終えると、ススキ属の刈安が本流で、コブナグサ科の八丈刈安はごく一部の地方だけの植物、といった理解で完結しそうですが、どうもそうでもない更なる話があるのです。

漢方の本場中国で2〜4世紀ころに完成した本草書(漢方の薬物書)「名医別録」という書物があります。中国最古の本草書「神農本草経」に次いで古い重要な資料ですが、この古文献に小鮒草が出ています。

藎草

無毒。可以染黄作金色。……

中国で小鮒草を藎草といいます。無毒で黄色から金色が染まると書かれています。この後に小鮒草の薬効も記されており、咳を抑えたり皮膚病に効いたりするとのこと。この知識が、古代の日本にすでに伝わっていた可能性は高いと思います。というのは同じ表記で日本の古文献にも小鮒草が出ているからです。10世紀に醍醐天皇の皇女の命で編纂された国の公式百科事典「和名類聚抄」の草木編のところに、

藎草

本草云藎草上音疾胤反和名加木奈一云阿之井

と、掲載されています。当時の中国語での発音と、「かきな」もしくは「あしい」と読む、とだけシンプルに書かれています。

この和名類聚抄には刈安も載っています。刈安は草木編ではなく、染色具という項目、すなわち染め物用ということが前提の単元に次のように記されています。

黄草

弁色立成云加伊奈本朝式云刈安草

昔の辞書によれば「かいな」と読み、黄色を染める草とは刈安だと延喜式にも書いてますよ、となっていま

す。かいなという読み方、小鮒草の「かきな」と似てますよね。全然違う単元に収録されているのに。

植物学者の白井光太郎博士は、この読み音が似ているところから、この時代から小鮒草は刈安同様に黄染めに使われていたはずだと著書「染料植物及染色篇」で断言されています。筆者もご意見に大賛成です。そして、もしそうなら、小鮒草が黄色に染まるのはこの時代すでに周知の事実なのに、ススキ属刈安は染色具に「黄草」と書いて国のお墨付き的な表現で掲載して、小鮒草はただの草木編にこっそり載せてるあたりに作為を感じます。小鮒草は日本中どこにでも生えている雑草です。いくらきれいに染まると言っても、雑草で宮廷染色はもってのほか。あれはあくまで雑草なので染色に使ってはいけません。近江や丹後からやってくる由緒正しき刈安を使いなさい。という暗喩なのではないかと勝手に邪推しています。白井光太郎博士が今ここにいらっしゃれば、たぶん、同じご意見を伺えたのではないかと思います。期待も含めてですが……。

色が綺麗だったらそれで良いのではないだろうか、と思うのですが、いろいろとオトナの事情が絡んで話がややこしくなるというのは、いつの世も同じなのかもしれません。

刈安に含まれている色素

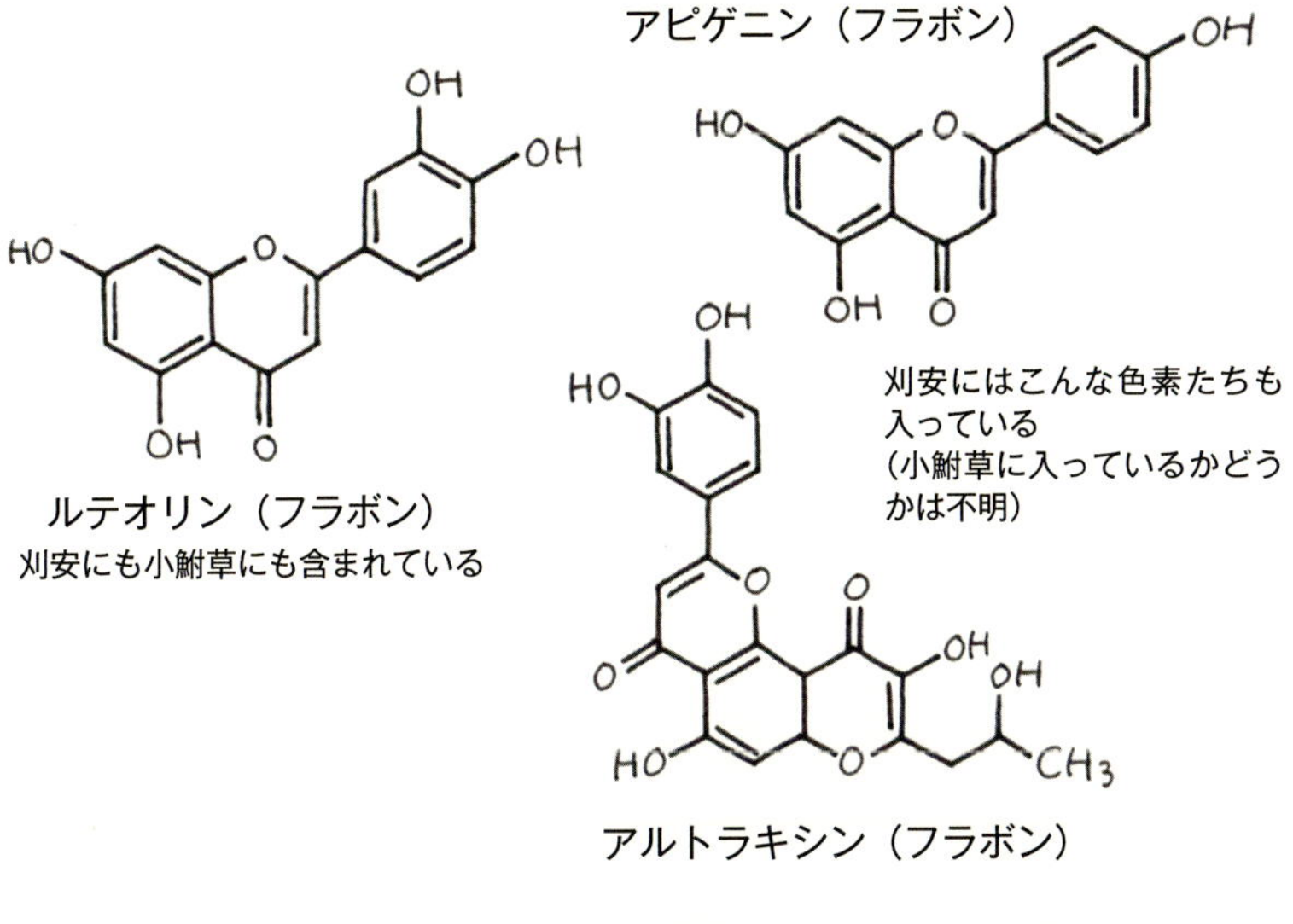

刈安にも小鮒草にも含まれている
刈安にはこんな色素たちも入っている
（小鮒草に入っているかどうかは不明）

29 黄色② 活躍の場が多い黄色染料、梔子

梔子《くちなし》は日本も含めた東アジアの暖かい地方に分布する常緑低木です。自生もありますが、古くから栽培されてきました。10月~11月ころにできるオレンジ色の硬い果実を染色に利用します。

この実は支子、山梔子とも記され、中国でも古くから利用されている染料です。果実ができても栗や柘榴のように割れて種を見せないので命名された（貝原益軒の「日本釈名」より）とも言われる「くちなし」で染まる色は、少し赤みのある暖かい黄色。少し湿り気を帯びた黄色、と個人的に思っています。

この黄色の主成分はクロシンというカロテノイド系の物質で、あのサフランの黄色と全く同じものです。ですのでサフランライスは梔子からでも作ることが可能です。ただ、サフランの香りはありません。梔子の中には他にもゲニポシドと言われるイリドイド類の配糖体が含まれています。このゲニポシドというのはそれ自体無色ですが、アグリコンになり（ゲニピン）、条件を整えてたんぱく質分解物と反応すると青色に変わります。近年、クチナシ青色素というのを見かけますが、このことです。

古来、梔子はその実を煮出して染めに使われています。延喜式の縫殿寮に記されている37色分のレシピの中で、梔子は4色の材料に登場します。そのうち、黄丹《おうに》、深支子《こきくちなし》、浅支子《あさきくちなし》、の3色は紅花との合わせ使いです。梔子で黄色に染めた後に紅花で染めてオレンジにします。中でも黄丹は皇太子だけが着用できる特別な色、禁色《きんじき》（天皇などだけが使える色）です。あとの2色は特に厳しい取り決めがあるわけではありません。材料が同じなのに差を付けるのが難しそうですね。実際難しかったようで、同じく延喜式の弾正台という

細かい禁止令には、

　凡支子染深色可濫黄丹者。不得服用。

「支子の深い色は黄丹と間違える可能性があるので着てはだめです」とのこと。レシピを書いておいて着用禁止とは思わせぶりな記述ですね。もう一色の黄支子《きくちなし》は梔子だけで染めます。他の3色と違いオレンジではないので、黄と書いています。この時代、支子色というのは「梔子で染める」という意味ではなく「梔子の実の色に仕上がる」という意味だったのだろうと思います。

　時代が下がって江戸時代には庶民の色だったようで、町衆の着物の染めにはもちろん、食紅として利用された記録もあるようです。

　梔子は中国でも重用されていました。五行思想の影響もあり、黄色は正色の中でも皇帝が着用する色です。これを梔子で染めていました。司馬遷の史記には、梔子を栽培していた記述がみられます。中国の皇帝から江戸町人の食紅まで様々な場で活躍する染料です。

　なおこの梔子染めは、延喜式を見ても江戸時代の複数の染め指南書を見ても媒染剤の記載がありません。確かに媒染なしでもよく染まる染料です。ただ、筆者の経験上はミョウバンなどアルミニウムで媒染する方が染まり付きが良いと思います。

梔子のプロファイル

汎用名(和名も同じ)	学名	別名	生育地	特徴
梔子 （くちなし）	*Gardenia jasminoides*	支子、山梔子（さんしし）	日本を含む東アジアの暖かい地域。日本は静岡以西	• 乾燥したものが染料店で流通している。乾燥した硬い果実を使用 • 自生もしているが古くから栽培が主

クロシン

梔子に含まれる黄色素。サフランにも入っている

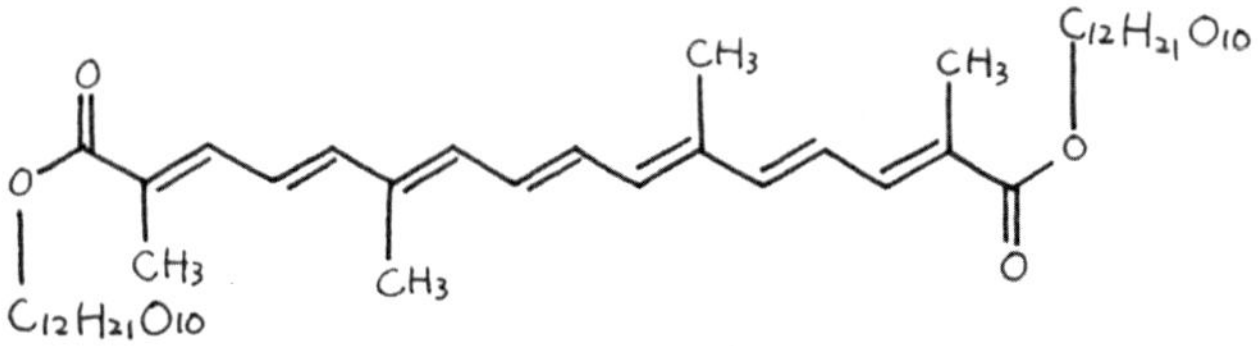

ゲニポシド

このままだと無色透明

これを人為的に変化させると青色に変わる

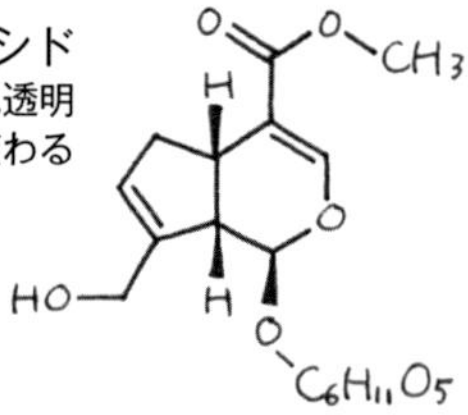

30 黄色③ 天皇の袍を染める高貴な染料、櫨

櫨《はぜ》は南関東以西に自生するウルシ科の落葉樹です。秋になると紅葉し山々を美しく彩ります。彩るのは季節の景観だけではありません。櫨は我が国最高位の色のひとつにも使われる極めて重要な染料植物なのです。

櫨は昔「はじ」と発音されていました。弾力のある材質で古事記に「波士弓《はじゆみ》」の記述があるように、古来、和弓の芯材として使われ、弓をはじく、から、その名が付いたと言われます。正倉院文書には「波自加美（はじ紙）」として写経用紙の染めに使われたと考えられる記録が残っており、弓にだけではなく昔から染めにも使われていたようです。

しかし、9世紀に入り様相が変わります。820年、嵯峨天皇により次のような詔が出されます。

朔日受朝、日聴政、受蕃国使、奉幣及大小諸会、則用黄櫨染衣。

自分はいろいろな公式の場において櫨で染めた衣を着用する、と宣言するのです。これは日本の歴史上初めて天皇が自分で衣服の色に関して言及する記録でして、これ以降、重要な場での天皇の袍《ほう》（装束の一番上に着るもの）は黄櫨染《こうろぜん》の色となります。現在も即位の礼関連儀式での新天皇の袍は黄櫨染御袍です。

延喜式縫殿寮の37色のレシピ集では黄櫨染が一番目に記されており、綾1疋につき櫨14斤と蘇芳11斤を使用するとなっています。櫨だけで染めると少し山吹色を感じる黄色になります。それと蘇芳を染め重ねるので、仕上がりは複雑な茶味の色になります。黄櫨染の色目と延喜式に記載の蘇芳に関しては興味深い話題があるのですがそれはまた別の機会に譲るとしまして、

この時代から櫨は特別な染料植物となるのです。紅花でさえ庶民の染め色となった江戸時代の町の染め屋に関する文献を調べても、櫨染めに関する記述が見当たらないこともその証左だろうと思います。

ところで、櫨には和名（分類学上の呼称）でヤマハゼとハゼノキという2つの品種があります。ヤマハゼは日本原産、ハゼノキは大陸南方もしくは沖縄から16世紀ころに移入したものとされています。ハゼノキは実から上質な蝋《ろう》が採取でき和ろうそくの材料になるため、江戸時代に九州や四国の諸藩が植樹を奨励し広まります。平安時代にはハゼノキは国内にはなく、ハゼノキで黄櫨染を染めても正しい色ではない、という説もあります。ただ、現在国内のヤマハゼはハゼノキと交雑している可能性も高く、その色差を確認することが大変難しい状況と筆者は考えています。

櫨の主な色素はフィセチンというフラボノール類です。ただ、大分大学の都甲由紀子准教授との共同研究では、櫨による染色で繊維にフィセチンが定着しても色相は濃くならなかったため、櫨の染め色には他の要素が関わっている可能性があると考えています。櫨には他にも様々な色素が含まれています。それらが我々の窺い知れぬ世界で複雑に絡み合うことであの高貴な色が染め上がるのかもしれません。

櫨のプロファイル

和名	学名	別名	生育地	特徴
ヤマハゼ	*Toxicodendron sylvestre*	櫨（はじ）、ハニシ（古名称）	南関東以西の本州、四国、九州、アジア日本原種	• 染料としては流通せず • ハゼノキに比べ背丈、幹径とも小さめ • ハゼノキに比べ実が小さく蝋分も少ない
ハゼノキ	*Toxicodendron succedaneum*	琉球櫨（りゅうきゅうはぜ）、蝋の木	生育地はヤマハゼと同じ 大陸南方が原種	• 染料店では流通せず。筆者は櫨蝋を採取している方たちからチップを分けてもらっている • 実から櫨蝋を収穫するための産業植物（現在は需要が少なく個体数が大幅に減少） • ヤマハゼに比べ大柄、生育も早い • 接ぎ木で植樹。台木にはヤマハゼが使われる

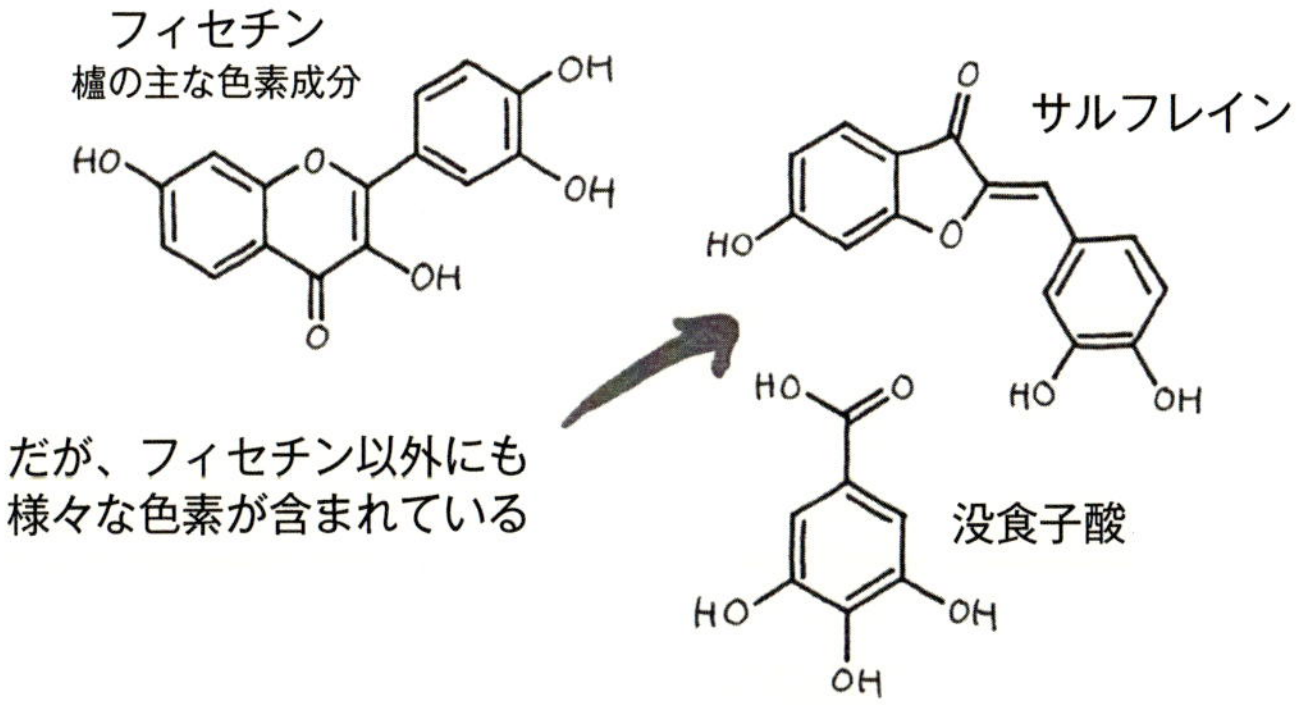

31 紫色①

高貴な色の代名詞になった染料、紫草1

紫草《むらさきそう》もしくは紫は、日本、朝鮮半島、中国、アムール川周辺に分布する多年生の草本植物です。古来その根を染色、そして医薬品として使用してきました。「むらさきいろ」の語源となったこの植物の名は、群がって咲く様から「むらさき」と付けられたという説をよく聞きます。真偽はわかりませんが、他にも群がって咲く植物は多いですよね。

紫が色名として初めて記録に現れるのは日本書紀の608年の記述です。

亦衣服皆用錦、紫、繍、織、及五色綾羅。

推古天皇の詔を諸臣たちが拝受した後部屋を去るシーンでして、錦地、紫色の無地物、刺繍地、織地のものとそれぞれ5色の綾地、羅地のものを着ていたとのこと。錦、繍、織はそれぞれ生地の組織の種類です。そこにひとつだけ色名が入っているのは何の柄もない色無地の生地ということです。ここに坐するのは当然位の高い人たちばかりで、そこで出てくる唯一の色が紫です。紫は特別な色とされていると考えてよいでしょう。

そして647年、七色十三階冠という位の制度が発令されます。冠の本体素材と縁取りと服の色で13の位を表す、という少々複雑な内容のため詳細は割愛しますが、ここで紫が最高位の色として記述されます。この冠位制度は2年後に改正を受け、その後何度も色と位の順番は変わりますが、紫色は近世までほぼ常に最上位をキープします。

ちなみに、色で位を分ける冠位制としては中学校の日本史でも学習する有名な「冠位十二階」があります。

先述の七色十三階冠よりも古く603年に推古天皇の詔により制定されており、紫・青・赤・黄・白・黒の順による冠位の高低と共によく紹介されます。ですが実はこの制度、オリジナルの詔に色の記述はありません。大徳、小徳、大仁、小仁、大礼、小礼、大信、小信、大義、小義、大智、小智、という12階で、それぞれに相当する色の絹地で縫いなさい、という内容のみです。「相当する色」とは何の色なのか？　このナゾ

647年　七色十三階冠の色と位

位の名前	大織 小織	大繡 小繡	大紫 小紫	大錦 小錦	大青 小青	大黒 小黒	建武
色	深紫	深紫	浅紫	真緋	紺	緑	（不明）

←位の高い偉い順

603年　冠位十二階の色と位

位の名前	大徳 小徳	大仁 小仁	大礼 小礼	大信 小信	大義 小義	大智 小智
色	紫？	青？	赤？	黄？	白？	黒？

←位の高い偉い順

中国五行思想と様々な要素

五行	木	火	土	金	水
五色	青	赤	黄	白	黒
五方	東	南	中	西	北
五時	春	夏	土用	秋	冬
五常	仁	礼	信	義	智
五臓	肝	心	脾	肺	腎
五獣	青竜	朱雀	麒麟	白虎	玄武

ナゾを解く鍵として昔から有力なのは中国の五行思想です。この思想は世界を作る五元素（木、火、土、金、水）を筆頭にいろいろな事柄を5つの要素に分けて考えるものです。その中で、5つの正色、五色（青、赤、黄、白、黒）などの他に、人が持つべき5つの徳目、五常（仁、礼、信、義、智）というのがあります。それぞれの要素の意味などの詳細は割愛しまして、五行思想には必ず要素の順番が決まっているのでマトリックスを作れば一目瞭然、仁には青、礼には赤、というように対応します。これが「相当する色」だろうという説です。大小は色の濃淡だろうとされています。十二階の一番上にある徳は五常には無い要素ですが、これは冠位を考案したと言われる聖徳太子が徳を重んじていたと別の資料から読み取り、彼がオリジナルで加えた要素とします。そして五色の中になくて我が国で重要な色と言えば、残りは紫しかないだろう、というので、徳に紫を対応させてすべての謎が解ける、という推測です。本居宣長と同時代に活躍した江戸時代の国学者谷川士清《たにがわことすが》による謎解きですが、この推測には反論もあります。白は古来日本では神に仕える者の色、すなわち天皇など極めてやんごとなき人のための色です。五行説だと下から数えた方が早い順番になってしまい、これはおかしいぞ、となります。そしてもう一つは、単純に白の濃淡ってどういうことでしょう？ということです。他にも中国からの影響を考える説もあります（五行説も中国からの影響ですが）。筆者は歴史学者ではありませんのでこの議論に加わる資格も知識もないのですが、個人的には五行説に少し疑問を持つ側です。古代より紫色が高貴という説明に冠位十二階が例として挙げられることが多いのですが、先述の通り日本書紀には具体的な色が明記されてないこともあり、本書では七色十三階冠を紹介しました。

話がそれました。古代の文献を見ているとこれ以降、紫が高位である記述が多数出てきます。ただ、紫は天皇だけの染め色、というわけではないので（もちろん天皇も着ることはできます）、例えば黄櫨染のようにめったに染めないもの、という訳でもありません。冠位の上であれば着ることができる訳でして、高級官僚の色を染める需要は普通にあったと思います。例えば濃い色である「深紫《こきむらさき》」を染めるには、延喜式の縫殿寮によれば綾の生地1巻きについて紫草が大30斤とされています。大1斤は約680gなので計算すると約20kgという大量の根が必要です。延喜式には各部署に毎年反物を支給する量に関する記述もあり、位で決められた染め色は国が支給していたふしもあります。宮廷での美しく高貴な紫の供給を支えるために、全国から紫根が集まってきた様が当時の記録に記されています。延喜式巻第十五内蔵寮に、地方ごとに紫根を収める毎年の量が書かれており、甲斐国800斤、相模国3700斤、武蔵国3200斤、下総国2600斤、常陸国3800斤、信濃国2800斤、上野国2300斤、下野国1000斤……とのこと。計算すると総量約13・5トン！　すさまじい量です。この数字を見ていると、自生の紫草を採取するのではとても追いつかない量です。

紫草は飛鳥時代からすでに各地で栽培されていたようです。額田王が大海人皇子に贈ったとされる有名な歌、「茜さす　紫野ゆき標野ゆき　野守はみずや　君が袖振る」の紫野は紫草の栽培地です。そして野守がいて管理をしていた、ということがうかがえます。他にも実際に栽培していることがわかる記述もあります。先と同じ延喜式内蔵寮で大宰府が納めるべき年料の記述に「紫草四千六百斤、就中野草千七百斤」とあります。4600斤のうち1700斤は野生種で納品するように、ということです。すなわち、栽培が普通だったということですね。そしてもうひとつ、野生種側の分量を規定しているということは、栽培種よりも野生種の方が品質が良かったからではないかと推測できます。これを裏付ける資料が江戸時代にあります。佐藤信淵という経済学者が1827年に記した「経済要録」に、「奥羽両州ヨリ出ルモノハ上品ナリ……（中略）…殊ニ極上品ナルハ南部領ヨリ出ヅル野生紫根ナリ」とあります。岩手県の南部地方は今も南部紫根として紫染めが有名です。当時から南部の地は紫草で有名で、南部の紫草も野生種が一番良かったようです。

ただ、紫草は現在絶滅危惧種として環境省のレッドリストに上げられています。残念ながら、国内では自生の紫草の染め色を確認することが今は不可能になってしまっています。

紫草の話はまだまだ終わらず次に続きます。

32 紫色①

高貴な色の代名詞になった染料、紫草2

　江戸時代になって紫根《しこん》と呼ばれるようになる紫草の根は、しかし文献を調べても染めの指南書にはほとんど出てきません。紫染めは多く出てきますが、その手法は蘇芳の鉄媒染、もしくは藍と蘇芳、藍と赤色染料が使われているものばかりです。幕府が何度も奢侈禁止令を出していたため、紫根を使っていると公には言えない風潮があったのでしょうか。ただ1829年に記されたとされる「機織彙集」にはちゃんと紫根を使った紫染めが書かれています。公家や高位の武家だけでなく、町衆もこっそり紫根の本物の紫を楽しんでいたのでしょう。ですが明治時代になり、紫色のモーヴをはじめとする化学染料が海外から入ってくるようになって、手間と時間とコストがかかる紫根を使った染めは影をひそめてしまったようです。この末路は本書で何度も話題にしている通り紫根だけの話ではありません。

　紫根に含まれる紫色素はシコニンとその誘導体各種です。「シコニン」という名前、個人的に可愛い響きと思うのですが、ご推察の通り紫根からとられています。シコニンの構造を決定したのは日本人女性科学者のさきがけ、黒田チカです。当時多くの国立大学が女性の入学を禁止していたさなか、極めて狭き門をくぐり抜け初の女性理学士となった彼女は、紫根に含まれる色素の化学構造式を携え東京化学会で1918年に国内初の女性による研究発表を行い評価を受けます。この時に彼女が命名したのがシコニンです。彼女は紅花色素であるカルタミンの構造決定でも有名です。天然染料に関する化学の論文を見ていると、今でも引用元リストに彼女の名を見つけることがよくあります。

　この、シコニンを含有する植物は海外にも存在します。中国の西から中央アジアにかけて自生する

紫に染まる植物染料の一覧表

汎用名	和名	学名	別名	生育地	備考
硬紫根	ムラサキ	*Lithospermum erythrorhizon*	紫草、紫	日本、朝鮮半島、中国、アムール川周辺	・染料店で中国産のものが流通。普通に入手可能 ・現在国内でも数か所で栽培されている ・根の中心は木質で色素は根の表面のみ
軟紫根	※特になし	*Arnebia euchroma* (Royle) I.M.Johnst.	※特になし	中央アジア、中国西部	・染料店で中国産のものが流通。普通に入手可能 ・ぼろぼろと崩れやすい形状。粉砕はしやすい ・シコニン含有量は硬紫根よりも多い報告あり
アルカネット	※特になし	*Alkanna tinctoria*	Dyer's Bugloss	地中海一帯	・硬紫根、軟紫根の主要色素シコニンの光学異性体であるアルカンニンが主成分

Arnebia euchroma という学名の植物の根にも多くのシコニン及びその誘導体が含まれています。この植物の乾燥根は、ガサガサとうろこ状に崩れやすく軟紫根《なんしこん》という名称で日本に多く輸入されています。現在、天然染料の世界では、従来の紫草の根を硬紫根（根の中心が木質で硬いため）、輸入される *Arnebia* の乾燥根を軟紫根、と呼び分けています。

1990年の寺田晃他によるシコニン及びその誘導体の研究報告によれば、軟紫根は硬紫根より色素量が多く、その差は約3倍とのことです。ですが、筆者は後述する染色工程の特徴から、通常は硬紫根を利用しています。

ヨーロッパのハーブのひとつ、アルカネットも紫色素があることで古くから重用されています。含まれている主な色素アルカンニンはシコニンの光学異性体で、色素としては同じ働きです。ただ、ヨーロッパでは「シーザーもクレオパトラも愛した貝紫」の通り紫と言えば貝紫だったこともあり、染色にはあまり使われずもっぱら薬用に回されたそうです。

この他にもセイヨウムラサキという観賞用に栽培さ

れる種があります。学名も見た目も紫草に近く根も赤紫色でいかにも染まりそうなのですが、含有色素は少ないと言われています。筆者も以前実際に染めてみたところ、結構な分量を使用したにもかかわらずとても薄い紫色にしかならず、それ以降は使っていません。

紫根も天然染料の中では特殊な染め方の部類に入ります。金属イオンを利用した媒染工程は行いますので、紅花染めや藍染めほどの変わり者ではありませんが、紫根に含まれる紫色素が、水に溶けにくい割には高温に弱い、という性質があるため、煮込むことができません。筆者の工房で行っている絹の紫染めの方法を次に紹介いたします。

1. 紫根に60℃程度の湯をひたひたになるまで加え、しばらく放置して紫根をふやかせる。

2. 木片を使って根を擦りつぶし色素を取る。根の表皮をふやかして剥ぎ取るイメージ。布で濾して液をストックする。紫根にまた湯を入れて擦りつぶし、という工程を何回も行い、できがった濃い紫色の液を染液とする。

3. でき上がった染液に染める素材を入れ、動かしながらゆっくり加温する。60℃になったら加温を止め、なおしばらく動かしたのちに引き上げる。

4. ミョウバンもしくは椿灰の灰汁を使い媒染液（40℃くらい）を作り、染めた素材を入れて媒染する。

5. 媒染液から引き上げ水洗いをしたのちに染液に戻し、3と同じことをする。終えたらまた水洗いをしたのちに新たに媒染液を作り4と同じことをする。

6. 1～5を1セットとして、予定の色目になるまで複数セット作業を繰り返す。

気を付けるべきは温度です。筆者の経験では60℃を超えると色が少しグレーに振れだすという認識です。ただこのシコニン達は江戸時代から伝わる紫雲膏の作り方を見る限り、熱だけで壊れてしまうわけではなさそうです。油とではなく水と一緒に更に高温にさらされると何か起こるのかもしれません。

紫根の色素は酸で赤みの紫に、アルカリで青みの紫になります。そのため、４の媒染で椿灰を使用した際はミョウバンの時より青みに振れた紫色に仕上がります。また、延喜式を見ると材料に酢があり、もしこれを染液の中に入れれば、染液は酸性です。ということは、椿灰の灰汁媒染で終えればアルカリ性に、染液で終えれば酸性になります。その後水洗いをしてもこの色差の傾向はある程度残ります。この性質を利用して江戸の染め師は赤みの京紫と青みの江戸紫を染め分けていた、と染色研究家の吉岡幸雄氏は著書で説明しています。筆者も全く同意です。

また、２の擦る作業を行うには、ボロボロ崩れる軟紫根よりもコシのある硬紫根の方が作業が行いやすいため、含有量の違いは知りながら筆者は硬紫根を選んでいます。あとは、軟紫根のほうが少し赤みが強く仕上がる気がしています。ただ、常にそう感じるわけではないですし紫根の色は先述の通りpHの変化による色差の方が大きいと思いますので、軟紫根と硬紫根の色差に確信はありません。

なお、このシコニン達は水には溶けにくいですがアルコール類にはよく溶けてくれます。消毒用エタノールや度数の高い蒸留酒に漬けるだけで手早く色素抽出が可能です。そういった時は、染料は小さい姿の方が効率が良くなりますので、含有量が多く粉砕しやすい軟紫根のほうが染色に有利だろうと思います。筆者も、手軽に染めたいときは、この手法で抽出します。

紫根に含まれる色素
シコニンの化学構造式

シコニンは水に溶けにくいけど、アルコールには溶けやすい！

33 紫色② よみがえる幻の貝紫染め、アカニシ

アカニシという貝をご存知でしょうか？　北海道南部から南は九州まで、浅い砂底に生息する巻貝で、子供向けの海の生物図鑑にも掲載されています。養殖はされていないため常にというわけではありませんが、市場に出回ることもあり、握りずしのネタやお造り、煮物にも使われています。一部の回転ずしチェーンのメニューでも見かけます。ですが、この貝がとても貴重な紫色素を持っている、ということはあまり知られていません。

「シーザーもクレオパトラも愛した貝紫」で紹介した通り、古代の地中海世界で貝を使用して染める貝紫は大変貴重な色でした。ですが、この紫色を染める貝はなにも地中海だけにいるわけではありません。中南米には古くからヒメサラレイシなど特定の貝を使用した染め文化があり、今も一部の地域でなされています。

また、日本でも伊勢の海女たちは古くから貝紫を使っていました。磯の岩場でイボニシ、レイシといった小さな貝を捕まえ、手に入れた染料を使って布におまじないのマークを紫色にあしらい、素潜り漁の時に巻いていたのです。

地中海で貝紫染めに使われたツロツブリやシリアツブリボラ、中南米のヒメサラレイシ、伊勢のイボニシやレイシ、これらは全てアクキガイ科という同じ科に属する貝です。そしてアカニシもアクキガイ科でして、この貝もその内臓に紫色を持っています。しかも、他の貝紫を染める巻貝と違ってとても大きい体ですので、含まれる色素量も他の貝に比べて豊富です。もし、古代のフェニキア人染め師がアカニシを見たら、おそらくその色素量に狂喜乱舞するのではないでしょうか。

世界中の貝紫事情を紹介してきたところで、このト

ピックでは貝紫が染まるしくみを解説します。貝紫の正体はジブロモインジゴという紫色素です。この色素、名前もですがその性質が藍のインジゴそっくりです。ですので、もしよければこのトピックを読み進める前に、「酸化と還元で染まる藍1〜3」に目を通して頂けると更にわかりやすく面白いかと思います。

アカニシは鰓下腺《さいかせん》という内臓組織を持っています。別名パープル腺とも言われるこの組織の詳しい働きはわかっていませんが、貝紫を染めるアクキガイ科の巻貝すべてにこの組織があり、この場所で、チリインドキシル硫酸塩という貝紫色素ジブロモインジゴの前駆体が作られます。この物質は黄白色で水溶性です。アカニシなどを解体して内臓のパープル腺部分をひっくり返すとその裏側にクリーム色状のお目当てのものを見つけることができます。これを集めて染料とするのです。さきほどアカニシには色素が豊富にあると言いましたが、実際に貝を解体してみると実はそれが驚くほど小さな部位であることに気づきます。アカニシの身の本当にごく一部でして、いかにも貴重な風情が漂う色素量だと思います。

チリインドキシル硫酸塩は、貝の体内にあるプルプラーゼという酵素の働きでチリインドキシルに変わります。このチリインドキシルも水溶性で黄色です。そして酸素下であればチリインドキシルは2つずつどん

貝の体内からジブロモインジゴへ

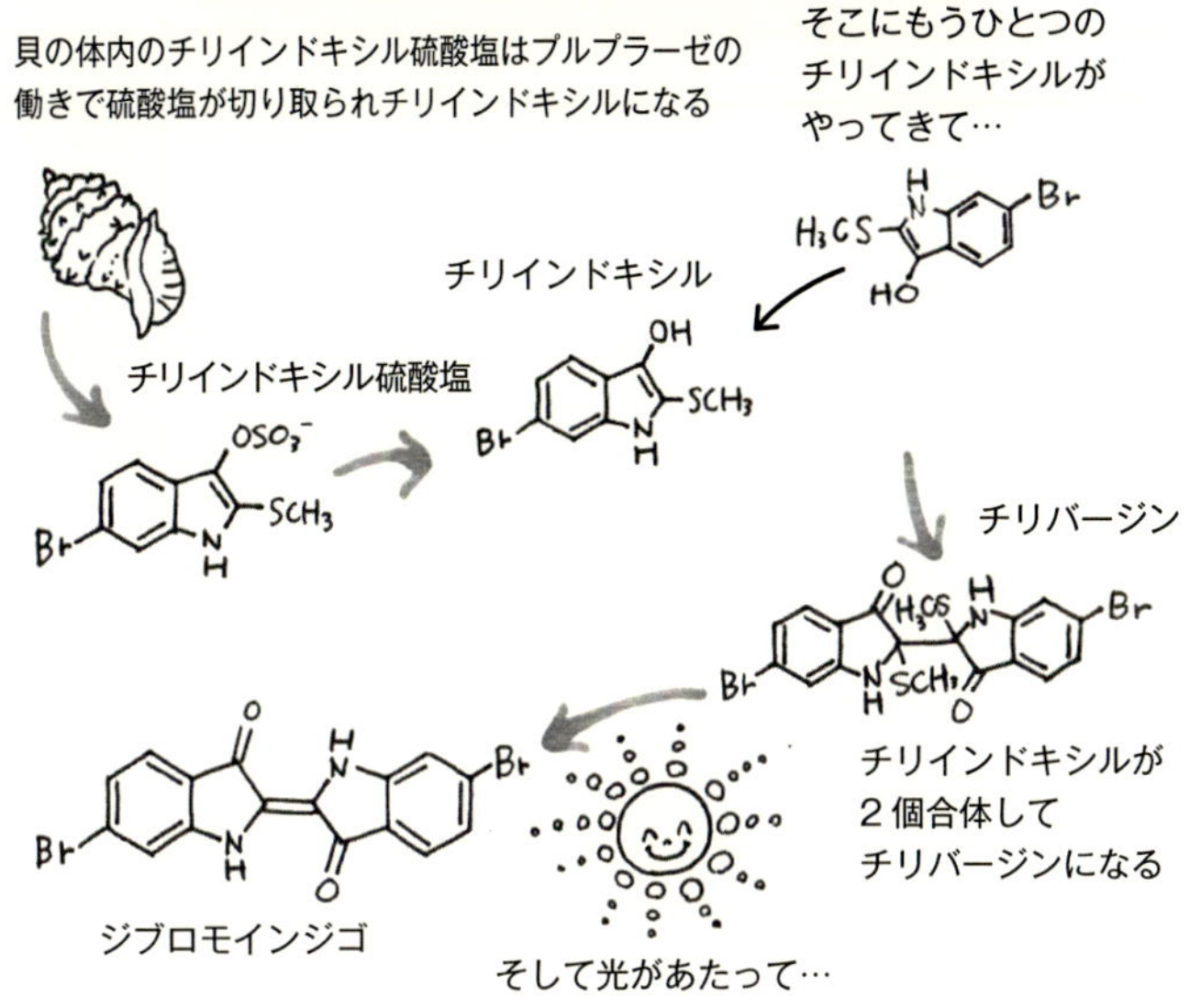
貝の体内のチリインドキシル硫酸塩はプルプラーゼの働きで硫酸塩が切り取られチリインドキシルになる
チリインドキシル硫酸塩
チリインドキシル
そこにもうひとつのチリインドキシルがやってきて…
チリバージン
チリインドキシルが2個合体してチリバージンになる
そして光があたって…
ジブロモインジゴ

※この一連の反応は逆戻りのできない一方向の不可逆反応

どん合体していき、チリバージンが生成されます。チリバージンは緑色で水に溶けない色素ですが不安定で、光が当たると硫黄化合物を分離させて紫色の6,6'-ジブロモインジゴに変化し、ここで安定します。こうやって、貝の内臓から貝紫ができ上がります。ちなみに、チリバージンからジブロモインジゴに変化する時に分かれて出てくる硫黄化合物が、貝紫染めの悪臭の元と言われています。染色中も紫色に発色するこの時の臭いが一番きつく、ハエも一番寄ってきます。

この少々複雑な反応経路、光が必要という点以外はインジカンからインジゴができ上がる過程にそっくりです。そして、含藍植物の葉の中では生体が生きていればインジゴができないのと同じく、ジブロモインジゴも貝が生きている間は生成されません。おそらく反応経路の引き金となる酵素プルプラーゼが生体によって不活性化されているのでしょう。ですが、死ぬとその歯止めが利かなくなり少しずつ反応を起こしていきます。そして、ジブロモインジゴになってしまうともう染色できません。これもインジゴと同じで、ジブロモインジゴが水に溶けにくく染料としての役目を果たせないためです。

染色法は、まず生きた貝のパープル腺の裏側からクリーム色の前駆体を取りだします。そしてまだクリーム色の状態、すなわち水溶性のチリインドキシル硫酸塩もしくはチリインドキシルの状態のまま布や糸に染めつけます。そして後は充分に日光に当てるのです。すると、酸化と光化学反応により、緑色から紫色に変化して染まり付きます。晴天下であれば、布に染めつけた黄色の柄部が10〜15分もすれば鮮やかな紫色に発色します。

中南米や伊勢の海女さん達の染め方はこの方法です。ですが、この手法は一気に大量の素材をムラなく一様に染めることができません。大きな鍋に染液を作り、その中で大量の糸や布を染めるには、別の手法で行います。大量の貝を集めて、染めには使わず、先ほどの反応経路をたどりまずは紫色のジブロモインジゴに変えてしまいます。ジブロモインジゴは色が紫ということ以外は性質がインジゴそっくりです。すなわち、そのままでは水に溶けませんが、電子をくっつけてあげると、水に溶けるロイコ体に変わるのです。色もインジゴの時と同じ黄色系です。藍染と同じく、ジブロモインジゴが入った液を醗酵させて菌の協力を得ながらロイコ体に変えて、そこで布や糸を染めます。そして、引き上げて空気にさらすと、酸素が電子を奪って

ジブロモインジゴとロイコ体も インジゴと同じくいったりきたりの関係

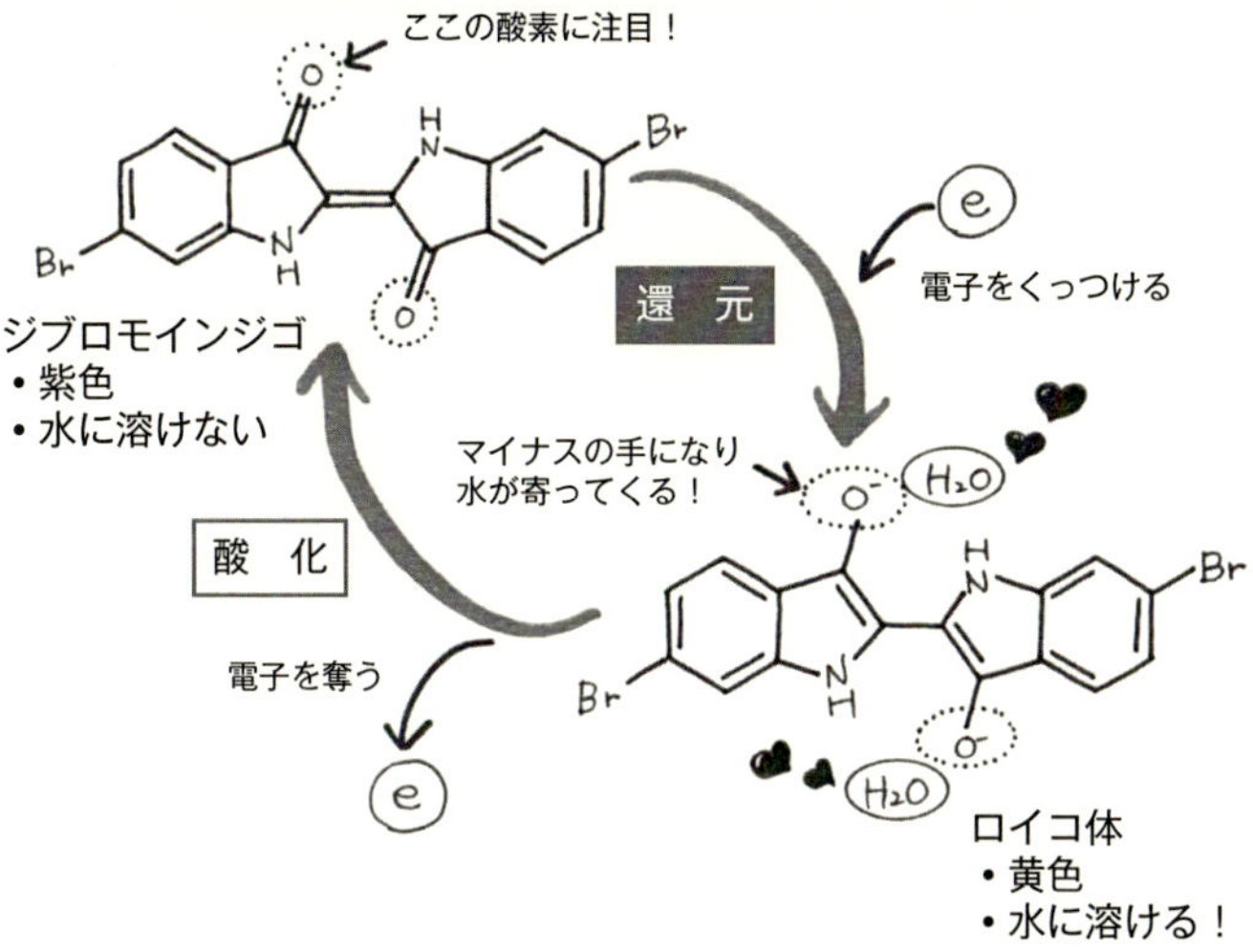

いき、ロイコ体は元のジブロモインジゴに戻り、色はさぁっときれいな紫色に変わるのです。この時にはもう光は要りません。酸素さえあれば十分です。

古代フェニキアやローマではこの方法で染めていたようです。プリニウスの博物誌に貝紫の染めの様子が記録されており、情報が少ないものの（書いてある通りでは染まらない）、工程の長さ（染液を作るために10日）や使用している分量（一説には25・92Ｌの水に16・2kgの貝）からおそらく還元醗酵の手法を取っていただろうと考えられています。ですが、ただでさえ臭いのきつい貝紫染めを醗酵させるのですから、古代の染め場は大変なことになっていたのではないかと思います。別のトピックでも書きましたが、おそらく仕上がった毛織物にも貝の臭いが残っていたことでしょう。この臭いを和らげるために更に手間がかかったはずです。筆者の工房でも、貝紫に染め上げたアイテムは数週間、その臭いが弱くなるまでずっとハンガー掛けしておきます。その間、部屋が臭くなりますが。やはり、美しい色を得るためには今も昔もいろいろと手間がかかります。

34 紫色③ 紫草を使わない紫色、二藍

古代、紫色は紫草を使って染める色でした。これは、1種類の植物だけで紫色を染め出す手段が他になかったから、というのはもちろんですが、他にも理由がありそうです。この時代、重要だったのは色彩だけではなく、使用する植物も同様に重んじられていたと思います。「どのような色」なのか、ということだけではなく、「何で染めたか」も併せて評価対象になっていた、ということです。だからこそ、国の施行細則集である延喜式にわざわざ宮廷染色のレシピを掲載する必要があったのでしょう。

　このあたりが、今の色彩文化と全く違うところのひとつだと思います。芸能人が見栄えのする真っ赤なドレスを着ていても、「あれはなにで染まっているのだろう」などと現代人は考えないでしょうし、高校の学生手帳の服装規則に「制服は紺色。そしてその紺色は反応染料ではなく硫化染料もしくはバット染料で染めたものであること」とは書かれていないでしょう。ですが、昔は最上位の色である深紫《こきむらさき》は、紫草で染められることで初めて高貴になり、韓紅は紅花を使用して染めることで貴族のあこがれの赤として評価されていたのです。では、古代の人はどのようにして服装を見ただけでその染め色が紫草によるものかどうかを判断したのでしょうか？

あかねさす　紫野ゆき標野《しめの》ゆき
野守はみずや　君が袖振る　　額田王

紫草《むらさき》の　にほへる妹を憎くあらば
人妻ゆえに　我れ恋ひめやも　　大海人皇子

「紫草畑であんなに私のことをみたらだめですよ、警備の人に気づかれてしまうではないですか」と詠う額田王の後に、「紫草の色のように美しいあなたを無視できるわけないじゃないですか、たとえ人妻であろうとも」と大海人皇子が返す有名な萬葉集の2首です（かなり意訳してます）。額田王は大海人皇子の元妻でしたが、この時は大海人の兄、天智天皇の妻です。これは天皇の野遊びの後の宴席で詠われており天智天皇も宴に同席しています。即ちこれは本気の恋のやり取りではなく、宴の余興として元夫と元妻が今の夫の前で浮気ごっこをするという、なんとも高度な宴会ネタですが、この2首を取り上げた本旨はそこではありません。

大海人皇子が美しいということを「にほへる」と表現しています。古語辞典を調べると「にほふ」は美しく映える、とあります。これは個人的な解釈ですが、匂いと染め色は古代の日本ではどちらも「美しい」ための同等の要素だったのではないか、と思うのです。というのは、例えば紫草は独特のにおいがあります。紫草で濃く染めた生地は、正直言ってくさいです。ですが、その香りがあるからこそ紫草で染めた、とわかるのです。紅花には紅花の香りがあり、濃く染めて水洗いだけで仕上げれば紫草ほどではないですが香ります。茜は根菜のようなにおいがしますし、蘇芳はいかにも南国の薬のような香りがします。おそらく、古代の色は全て何らかの香りがあって、それと色彩が相まって「にほへ」たのではないか、と思っています。

平安時代に流行った色目に「二藍《ふたあい》」というのがあります。これは、ふたつの藍で染めること、すなわち、青を染める藍と、赤を染める呉の藍（紅花）を使って染める、という意味です。呉の藍については「昔は藍だった紅花」をご覧ください。青と赤で紫色に染まるのですが、この色名や解説は延喜式などこの時代の法令集には載っていません。ですが、当時の文学にはよく出てきます。枕草子にもいくつか出てきますし、源氏物語の中の二藍を数えたら5か所もありました。だいぶ時代が下がる室町後期に公家の一人が編纂した装束抄という皇族貴族の服装に関する資料に、

二藍　赤色ト青花トニテ染也。夏用之

と書かれています。二藍は赤色と青花（つゆくさ）で染めるもので夏に用いる、とあります。実際にはつゆくさで染めてしまうと水で簡単に落ちてしまうのと、現在も残る二藍色の昔の着物の調査もあってなのでしょう、二藍は紅花と藍で染めるということになっています。二藍を多用している源氏物語の藤裏葉からひとつ使用例をあげます。

非参議のほど、何となき若人こそ、二藍はよけれ。
ひきつくろはむや

「まだ参議（当時の役職のひとつ）でもなくただの若者なら二藍も良いだろうが…、今回はもうすこしおしゃれしていきなさい」（また意訳してます）

これは光源氏の息子である夕霧が晴れて参議に就き、好いた女性の家に招かれることになったので、光源氏が彼に自分の良い召し物を渡すシーンです。二藍とは、役職がなくまだ青二才の若者が着る色、という見立てです。紫色なのに、です。すなわち、この時代、いくら色彩が紫でも、紫草で染めていなければ「紫」ではな

源氏物語で二藍が使われる他の４場面

帖名	かなまじり文	訳（「源氏物語ー付現代語訳」玉上琢彌 訳注、角川書店）
空蝉（うつせみ）	白き羅の単襲、二藍の小袿だつもの、ないがしろに着なして、紅の腰ひき結へる際まで胸あらはに、ばうぞくなるもてなしなり。	白い薄絹の単襲（ひとえがさね）に二藍の小袿（こうちぎ）ふうのものを無造作にひっかけて、紅の袴の腰紐を結んだところまで胸をはだけて、自堕落なかっこうである。
賢木（さかき）	「など、御けしきの例ならぬ。もののけなどのむつかしきを、修法延べさすべかりけり」とのたまふに、薄二藍なる帯の、御衣にまつはれて引き出でられたるを見つけたまひて、あやしと思すに、…	「なぜお顔色が悪いのかな。物の怪などがしつこいのだね。修法を続けさせるんだった。」とおっしゃった時、薄二藍色の帯が女君のお召し物にからまってついて出てきたのを見つけなさって、「おかしい」とお思いなさると、…
蛍（ほたる）	菖蒲襲の衵、二藍の羅の汗衫着たる童女ぞ、西の対のなめる。	菖蒲襲（しょうぶがさね）の衵（あこめ）や二藍の羅の汗衫（かざみ）を着た童女がどうやら西の対（たまかつら）のものらしい。
横笛（よこぶえ）	二藍の直衣の限りを着て、いみじう白う光りうつくしきこと、皇子たちよりもこまかにをかしげにて、つぶつぶときよらなり。	二藍の直衣（のうし）だけを着て、大変色白でつやつやしてかわいらしいことは、皇子よりも上品でお立派で、まるまると太り、きれいである。

いのです。紫色とは、色も香りも全てが紫草の名残を残している総合作品、ということなのでしょう。

紫色系統で位と関係している色目はこの時代いくつもあります。深紫《こきむらさき》、中紫《なかのむらさき》、浅紫《あさきむらさき》、滅紫《けしむらさき》、蒲萄《えびぞめ》など、これらは延喜式により全て紫草で染める、となっています。ですが、色彩だけなら、どれも藍と紅花を使った二藍で表すことができます。

名家に生まれ育ち、まだ冠位や役職のない若い貴族たちも、後は大臣になることを夢見ていたことでしょう。そして、役職を最もわかりやすく表す紫の上着には一方ならぬ憧れを持っていたのではないでしょうか。位の高い父の懐に頼りながら、深紫もどきや蒲萄もどきの着物を、染め師に頼んで藍と紅花で染めていたのではないかな、と思うのです。

藍と紅花で染めれば、色彩は高位の色に見えても、香りやそのほかの風情は違います。遠くからはわからずとも、当時の人は近くに寄ればすぐ二藍とわかったのでしょう。若者もそれを承知で背伸びして二藍を着ていたのかな、と思うのです。そして、そういう息子を父も、先ほどの光源氏のように目を細めながら見ていたのかもしれません。子供が大人の真似をして背伸びをしたがるのはいつの世も同じで、二藍はその役目を担う重要な色彩だったのかもしれません。

なお、藍と紅花で染める二藍は必ず順番が決まっており、最初に必ず藍染めで、次に紅花です。というのは、最初に紅花で染めた後に藍甕に浸けると、藍液の灰汁によるアルカリで紅花のカルタミンがまた全て溶け出してしまうためです。もどきとは言いながら、二藍もなかなか繊細な染め色なのです。

二藍は平安の若者のおしゃれだったかも？

頑張ってるのね
深紫着てるもんね
(本当は二藍だけど…)

35 ベージュ・カーキ・黒　変幻自在なタンニン

藍や紅花のような際立った個性はないけれど昔から染色に重宝されている植物はたくさんあります。五倍《ごばい》子《し》、矢車附子《やしゃぶし》、檳榔子《びんろうじ》、楊梅《やまもも》など、これらの天然染料はそれぞれ色も性格も少しずつ違います。共通して言えるのはタンニンが多いことです。ここでは、タンニンが如何に染色に大切かをお伝えします。

タンニンの名称は、皮をなめすtanから来ています。人類は遥か昔、植物の汁を動物の皮に塗ると性質が変わり腐りにくく丈夫になることに気づいたのでしょう。皮をなめして「革」に変えてくれる植物由来の物質をタンニンと呼ぶようになりました。元は染色用語でもなければ食品業界の用語でもないわけです。

話は化学の世界に移ります。有機物の中にフェノールという物質があります。ベンゼン環にヒドロキシ基という手（官能基）がひとつ付いているだけ、というとてもシンプルな構造です。ですが、天然染料に入っているものも含め、生物に関わる物質はもっと複雑なものばかりです。ベンゼン環がたくさん合体し、そこに複数のヒドロキシ基がくっついているものもあります。この、ベンゼン環にくっついているヒドロキシ基がたくさんある物質を総称して、ポリフェノールと言います。ポリとは、化学用語で「たくさん」と思って頂いて結構です。フェノールっぽいのがたくさんあるからポリフェノールなわけです。このポリフェノールという物質はごまんとあります。厳密に言えば日本茜の色素プルプリンも、紫草の色素シコニンも、紅花の色素カルタミンも、花の色素であるアントシアニンも、全てポリフェノールです。

そういったポリフェノールのなかで、たんぱく質などの物質にくっついて別の塊を形成するようなものが

ポリフェノールとタンニン

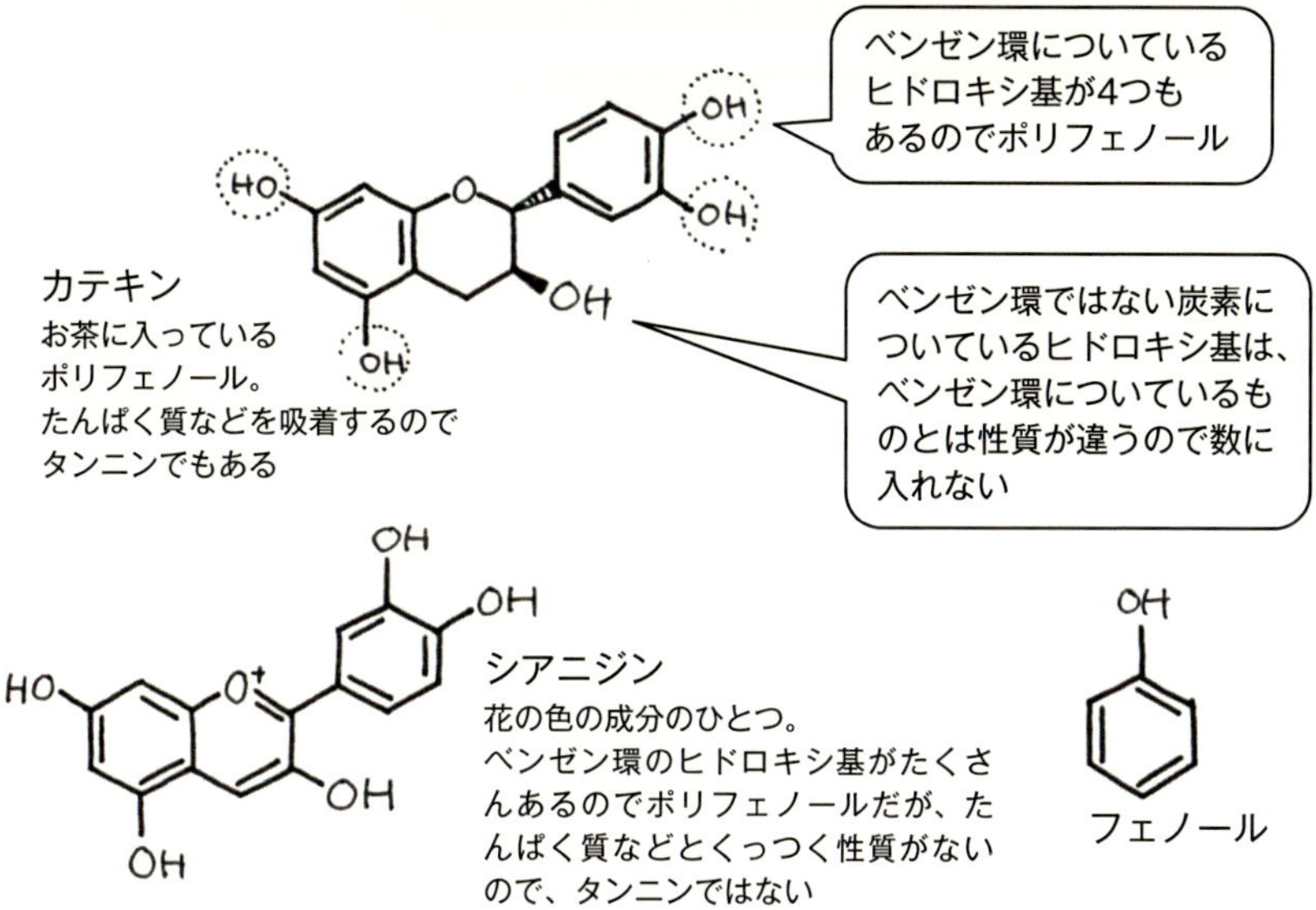
ベンゼン環についている
ヒドロキシ基が4つも
あるのでポリフェノール
OH
OH
HO
O
OH
OH
カテキン
お茶に入っている
ポリフェノール。
たんぱく質などを吸着するので
タンニンでもある
ベンゼン環ではない炭素に
ついているヒドロキシ基は、
ベンゼン環についているも
のとは性質が違うので数に
入れない
OH
OH
HO
O+
OH
OH
シアニジン
花の色の成分のひとつ。
ベンゼン環のヒドロキシ基がたくさ
んあるのでポリフェノールだが、た
んぱく質などとくっつく性質がない
ので、タンニンではない
OH
フェノール

あることがわかってきました。そして、これが昔から言っていたタンニンだろう、となったのです。

　現在のタンニンの定義は次のようになります。

タンニン…たんぱく質などの有機化合物や金属イオンなどとくっついて複合体を作る、植物由来のポリフェノールの一種

タンニンが皮をなめしてくれるのは、ポリフェノールであるその分子がたんぱく質にくっつきやすい形をしていて、それが合体してたんぱく質の性質が変わるからだろう、とされています。私たちがタンニンをなめて渋いと感じるのも、口腔内のたんぱく質とポリフェノールが複合体を作るからではないかとされています。なお、正確な機構はわかっていませんが、どちらもヒドロキシ基が大きくかかわっているようです。

　タンニンの説明が長くてすみません。本題に戻って、このタンニンという種類の物質は、ほぼすべての植物が体内に持っています。もちろんそれぞれタンニンの種類は違いますが、たんぱく質を変質させるといった

性質は共通です。このタンニン、筆者の経験上ではたいてい濃淡さまざまなベージュ系統の色をしており、その構造上（ヒドロキシ基は水と友達になりやすい手なので）水にも溶けやすいものが多いです。そして、もちろん少なくともヒドロキシ基という手をたくさん持っています。すなわち、色、水溶性、手、の3要素があり、色素になるのです（くわしくは「草木はなんでも染まる？」をご覧ください）。植物であれば大抵どれも染めに使えるのは、少なくともタンニンが含まれているおかげだろう、と思っています。そして、先述した通りひとくちにタンニンと言っても数多の種類がありますので、植物によってそれぞれ少しずつ違った色や性質にもなるのでしょう。

タンニンは定義の通り金属イオンとくっつきやすい物質です。すなわち、媒染効果が出やすいのです（媒染については「天然染料と金属のカンケイ」をご覧ください）。ここが、染色界から見て最も際立つタンニンの性質だと思います。これはタンニンが持つたくさんのヒドロキシ基が金属イオンとくっついて錯体というものを作りやすいからなのですが、特に鉄イオンと出会うと暗い色になる特性があります。これが、鉄媒染をするとたいていの天然染料が暗い色になる最も大きな要因です。すなわち、タンニンが多く含まれていれば、鉄媒染をすることで暗い色を出しやすくなります。昔から多くの黒染めは、このタンニンと鉄が作る濃色と、藍との染め重ねが主要な方法でした。

また、使用する鉄の分量をしっかりコントロールすれば、或る程度の濃淡の調整が可能です。この性質を利用すれば緑系の色が作れます。例えば楊梅《やまもも》や柘榴《ざくろ》など、黄色素がありながらしかもタンニン豊富な染料植物を使用し、ミョウバンなどで先媒染を施した後にしっかり黄色に染め、その後で薄めの鉄媒染液で媒染をしてあげると黄色がくすみます。緑系といっても植物の葉のような緑ではなく、いわゆるカーキグリーンですが、使用する鉄の分量で、明るいオリーブから暗い茶色まで、ひとつの植物から染め出すことが可能です。

お歯黒も実はこのタンニンと鉄媒染によるものです。まず、鉄漿《かね》（酢などに古釘などを入れて錆びさせた液）を歯に塗り、その上に五倍子《ごばいし》（タンニン豊富な植物染料）の粉をまぶします。すると、鉄が仲人役をして歯がタンニンで染まり、更にタンニンが鉄に媒染され色暗くなります。特に、五倍子に多く含まれる没《もっ》食《しょく》子《し》酸《さん》というタンニンは鉄イオンとうまくひっつく形をしていて、他のタンニンよりも色濃くなります。この原理は万年筆の黒インクも同じで、没食子酸と鉄の反応による黒です。

なお、タンニンは化学の世界で縮合型タンニンと加水分解型タンニンの2つに大別されています。それぞれ化学の定義があるのですが、それはさておきざっくり言えば、前者は柿渋のように固まりやすく、後者は五倍子に入っている没食子酸やタンニン酸のように溶けやすく酸性で鉄媒染で暗くなりやすいです。ですが、どちらの性質も兼ね備えているタンニンもありますし（柿渋も加水分解型タンニンの性質を持っています）、ひとつの植物に両方入っていることも多いようです。化学の世界でも物質ごとに明確にどちら、と分けるのは難しいようです。これも、タンニンがとても複雑で多種にわたるからでしょう。

変幻自在なタンニン、うまくお付き合いできれば、とても役立って頼りになる天然染料色素です。

タンニン色素を持つ代表的な天然染料

染料名	使用部位	生育地	備考
五倍子（ごばいし）	ウルシ科のヌルデにつく虫こぶ	日本を含む東アジアから東南アジア	没食子酸、タンニン酸を多く含み、その含有量は60%以上とも言われる。そのため自身にはあまり色がない。鉄媒染をすることで暗く濃い色が得られる
柘榴（ざくろ）	ミソハギ科のザクロの木に付く果実の皮	観賞用に各地で栽培されている	タンニン酸などを含む。黄色素も持っており、アルミ媒染で黄色を染めることも可能。更に鉄媒染することでカーキグリーンを得られる
車輪梅（しゃりんばい）	バラ科シャリンバイの芯材	日本、韓国、台湾	別名テーチギ（奄美大島の方言名）。大島紬の織糸に使われる黒鼠色を染める
橡（つるばみ）	カシ、クヌギ、ナラなどになるドングリの殻斗全般	※植物の種類が多岐にわたるため割愛	古くから利用されているタンニン色素。アルミ媒染でベージュ～茶色を染めることも可能
檳榔子（びんろうじ）	ヤシ科ビンロウの種子	南方の太平洋、アジア、東アフリカ	正倉院薬物帳にも残る古くからの渡来染料（ただし奈良時代は薬物）。タンニンの他に少し赤みのあるベージュを染めることが可能。江戸時代には鉄媒染で檳榔子黒を染める染料として重用された
矢車附子（やしゃぶし）	カバノキ科ヤシャブシの実	日本固有種で西日本に多い	タンニンを多く含む。アルミ媒染でベージュ～茶色を染めることも可能。日本画、書の修復で和紙に古びを付ける染料としても使用されている
楊梅（やまもも）	ヤマモモ科ヤマモモの樹皮	日本を含む東アジア	渋木とも言われる。タンニンの他に黄色素を持っており、アルミ媒染で黄色を染めることも可能。更に鉄媒染をすることでカーキグリーンを得られる

36 緑色　緑染めに使えない植物の緑

草や木をひとつの色だけで表すとしたら皆さんはどの色の絵の具を使いますか？　おそらく大抵の方が緑色を手にするのではないかと思います。若芽を出し、深緑に生い茂り、色とりどりの花を咲かせ、紅葉して鮮やかに散る植物たち。そのいずれの個体にも、そしていずれの季節にも共通して見せてくれる色は緑です。ですが、豊富で美しい緑色を持っているにも関わらず、その緑で繊維を染めてくれる植物が残念ながらひとつもないのです。

植物の緑は葉緑体が持つ葉緑素（クロロフィルとも言います）という物質の色です。ご存じの通り、葉緑体は植物にはもちろん地球上の全生物にとって大変重要な物質、酸素とブドウ糖を作る仕事をしています。彼らは主に植物の葉の中にあり、二酸化炭素と水を材料にして、葉緑体の体内でブドウ糖と酸素を作っています。これを光合成と言いますが、実は大変難しい仕事なのです。というのは、水分子という化学的にとても安定した物質を化学反応の材料にしているからです。

水というのはものすごく安定した物質です。どんなに温度を上げても、どんなに下げても、何かと混ぜても、たいてい水分子は水分子のままです。よく、水が腐ったと言いますが、あれは水自体が腐っているのではありませんよね。水に溶けている、もしくは水中に入っている何かが微生物や菌の働きで別の物質に分解したり変質しただけです。水分子には何も起こっていないのです。水分子に対して失礼な言い方だなぁ、と個人的にいつも思っています。

この頑固な水分子を材料として仕事を進めるには、まず水を壊すための大きなエネルギーが必要です。そこで、太陽が無尽蔵（約50億年後に尽きますが）に送りつけてくる光を利用することを、20億年以上も前に葉緑体の起源となるバクテリアの一種が始めます。この光を受けてエネルギーに変え光合成作業の口火を切る、という極めて重要な役割を担っているのが葉緑素です。燦々と降り注ぐ日光を葉緑素が受取り、エネルギーに変えて水分子から電子を奪い取り、水素イオンと酸素に分けてしまいます。なんと葉緑素は滅多なことでは反応しない水を「酸化」しているのです。これなら「水が腐った」と言っても良いかもしれません。筆者は全く専門外のため難しい反応経路などは割愛しますが、光合成は、葉緑素という一番バッターの素晴らしい働きにより、水分子から得た電子と水素イオンを2番バッターに渡して複雑な反応経路に繋がり、葉緑体の中にある数々の物質の共同作業によって最終的に酸素とブドウ糖ができ上がるのです。

ですがこの葉緑素、大変残念なことに私たちの染色には不向きです。というのも、葉緑素という分子は水に大変溶けにくい物質なのです。美しい緑色で、そして反応を起こす手も持っているのですが、水に溶けるという才能がないため、染色には使えない（「草木はなんでも染まる？」をご覧ください）のです。そしてもう一つ。葉緑素以外に、緑系統の色に見える色素が植物の体内にはないようなのです。黄色も、赤色も、青色も、紫色でさえ複数の物質があるのに、緑色は葉緑素だけ……。これは大変興味深いことだな、と個人的に思っています。

先述の通り、葉緑素は光をエネルギーに変える極めて重要な物質です。緑色に見えるというのは、簡単に言うと、七色の太陽光の中から緑の光だけを反射して残りの色の光は吸収してエネルギーとして使う、ということです。この吸収している色の光の割合が、光合成にとって都合の良い光のミックスジュースなのでしょう。ですが、もし、緑色に見える物質が他にもあると、その物質も光合成に必要な光のミックスジュースと同じものを飲むことになります。簡単に言えば、光吸収において葉緑素のライバルになってしまうわけです。光合成というのは植物が生きる上での根幹をなす代謝システムですので、それを阻害するような物質を自分自身で作ることは、植物の進化の過程で淘汰されてしまったのかもしれない……。といったことを以前染色家の市場勇太氏が書かれていました。裏付けは難しいでしょうけど筆者も全くその通りと考えています。

ややこしい話はさておき緑の葉で緑色が染まらないというのは何度か試せばわかることでして、古代の染め師も当然知っていました。葉の緑は生地に乗ったとしても水で簡単に落ちてしまい染まり付かないことを、とても歯がゆく思っていたのではないかと思います。それでもなお緑色は必要なのでしょう。だからこそ、「ジャパンブルーに隠された意味」で紹介した青摺りの衣のように、葉を直接布にこすり付けるだけという稚拙な染色方法が、最高の染色技術を誇っていた平安時代になってもまだ残っていたのではないかと思うのです。

葉の緑が染まり付かないのはわかるがどうしても緑色が欲しい、そうなると、必然としてたどり着くのは色の足し算です。延喜式縫殿寮には10色の緑系のレシピが掲載されていますが、その中で9色が藍と黄色染料です。緑がないのであれば、青と黄で、という訳です。青はもちろん藍です。黄色の方は、深緑だけが刈安で、他は全て黄蘗《きはだ》です。そして、藍と黄色染料の使用バランスを変えて様々な緑色を染めていたようで

平安と江戸の緑の作り方の一例

色名	原文	解説	書物名	刊行年
深緑（こきみどり）	藍十囲。刈安大三斤。灰二斗。薪二百四十斤	囲は藍草の束を一括りのこと。この時代の藍は生葉染めと思われる。藍と刈安で緑を作っている。灰は椿灰で媒染に使用	延喜式	927年
浅緑（あさきみどり）	藍半囲。黄蘗二斤八両	こちらはカリヤスではなくキハダを使用。それぞれの分量も深緑に比べ少ない。キハダは媒染がいらないので灰も記述なし		
青茶（あおちゃ）	下地薄花色に染。苅安草三度引。明礬如前文引。ご水へ墨を鼠色に入引なり	花色とは藍染め。藍で薄めに染めてからカリヤスで染め、最後に豆汁に墨を入れたもので少しくすませている	機織彙編	1826年
萌木色（もえぎ）	下地を藎草（かりやす）又黄柏（おうばく）にて染。明礬にて留て其上を花色に藍にて染るなり	コブナグサ、もしくはキハダでまず黄色に染め、藍染めをしている		

す。「ジャパンブルーに隠された意味」で、人類は世界のいたるところで青を探したと書きましたが、青を探した理由は、単に青が欲しかったからだけではなく、草木の緑色を布や糸に染め移すことのできない歯がゆさから、というのもあるのではないか、と染めをしていると思うのです。こんなにきれいな緑が、全く生地に定着してくれないのです。おせっかいかもしれませんが、先史時代の名もない染め屋も同じように思っていたのではないかとつい同情してしまいます。

なお延喜式にある残りの1色は青白橡《あおしろのつるばみ》という天皇専用の色（後に諸臣も着用可能になります）です。大量の刈安と紫草で染めるこの色は光源によって彩りが大きく変わる色目のひとつで、例えば蝋燭や白色電球など赤みの多い明りで見ると茶色に見え、日光や蛍光灯の下で見るとたんにオリーブ色系に見えます。黄櫨染など天皇が着用する染め色にこの傾向がみられると前田雨城氏は解説しています。光源の演色性の良し悪しに左右されて見える色が変わってしまうのは、現代では良いことではないかもしれませんが、昔はこれが神秘的だったのかもしれません。

最後に、昔は染められなかった葉緑素ですが、現在は山崎青樹氏により染色方法が開発されています。アルカリ状態で葉を煮出し、中和して染める手法でして、詳細は氏のいくつかの著作の中で紹介されています（例えば美術出版社「続草木染染料植物図鑑」P5）。銅媒染をすることでとてもきれいな緑色に染まります。ご興味がおありの方は是非一度試してみてください。古代の染め師が皆うらやむような緑色に仕上がります。

葉緑素の化学構造式 クロロフィルa

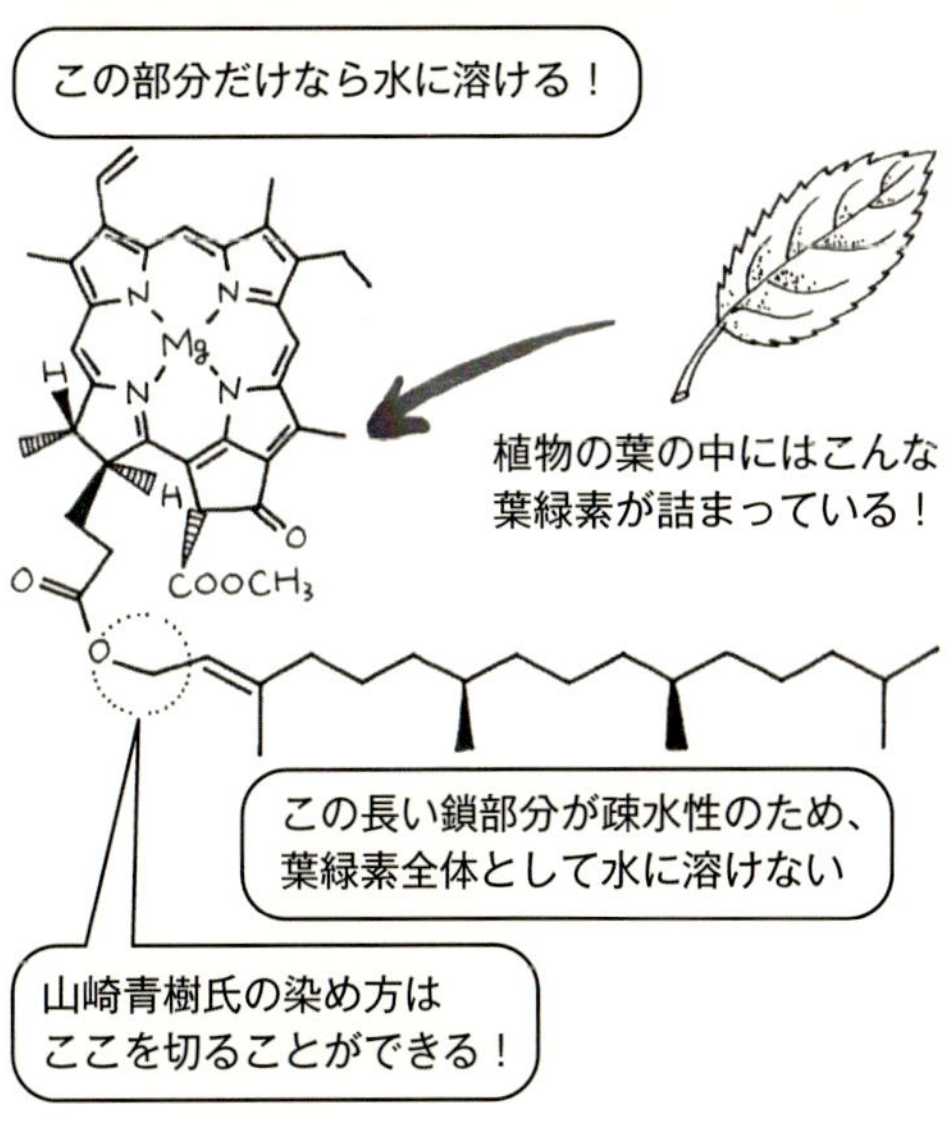
この部分だけなら水に溶ける！
Mg
N
H
COOCH3
植物の葉の中にはこんな葉緑素が詰まっている！
この長い鎖部分が疎水性のため、葉緑素全体として水に溶けない
山崎青樹氏の染め方はここを切ることができる！

※この他にもクロロフィルb、c1、c2、d、fがある

Column

「草木染」は 登録商標だった

私たちがよく使う「草木染」という言葉、実は登録商標だったってご存知ですか？

大正から昭和にかけて文芸家として東京で活動していた山崎斌《あきら》氏は、信州長野の郷里が恐慌と近代工業化の波にのまれ衰退する様を目の当たりにして、地元に戻り工芸の復興活動をはじめます。山崎氏は全くの門外漢でしたが精力的に研究を行います。地元の協力もあり、郷里の絹を使い、天然染料で染め、手織りで仕上げた着物を携え、昭和５年に東京銀座資生堂で初の作品展示の機会を得ます。その時の会名が「草木染信濃地織復興展覧会」です。好評を博し山崎氏の活動が話題になり、合成染料で染めたものを「草木染」と称するものが出てきたのを憂いた山崎氏は、やむなく昭和７年に「草木」の商標登録を行い、同年受理されます。

その後も山崎氏は精力的に活動します。作品づくりだけでなく展示会、講習会、講演、執筆などその活動は多岐にわたります。戦争のため一度は下火になりますが、戦後再び工芸所を開設し、草木染の認知活動に奔走していきます。

文芸家だからこそ為せる「草木染」という命名センスもさることながら、山崎氏の活動が素晴らしいと思うのは、研究し学んだことを全て開示されていたことだと思います。山崎氏のご活躍のおかげで今こうして私も染ができるのだろうと思います。その活動精神は山崎青樹氏、そして山崎和樹氏へと代々大事に受け継がれ今も健在です。

そして、「草木染」は山崎家がすでに商標権を放棄されているので、現在は誰もが使えるようになっています。

第4章

薬、医学、環境問題と天然染料

37 黄蘗は昔の万能薬
―ベルベリン―

黄蘗《きはだ》はミカン科の落葉高木です。日本を含むアジア東北部に分布しており、山地に自生しています。コルク質の樹皮を一枚めくると見事に黄色い内皮があり、昔からこの部位を染色と薬に使用してきました。名前の由来もこの黄色い皮から来ていると言われています。

古くは中国最古の本草書「神農本草経」に、染料としてではなく薬として掲載されており、胃腸内臓の不調、黄疸、痔、おりものなどに良いとされています。日本では927年に編纂された延喜式に数多く記述があります。大別するとその用途は3種類です。神社の神事での奉物、染色材料、そしてやはり薬です。

この黄蘗の黄色の主成分はベルベリンというアルカロイドです。アルカロイドとは、窒素原子を持ち、多くの場合水に溶けるとアルカリになる、生物が作る有機物の総称です。このアルカロイド物質は、産生した生物種以外に何らかの影響を及ぼすことが多く、少量でも影響が大だといわゆる毒物になり、それほど影響が大きくなければ、使用法をコントロールすれば薬になり得ます。生物（特に植物）由来で薬品になるものはこのアルカロイドであることが多く、ベルベリンもそのひとつです。

染料としては、「ひと筋縄ではいかない天然染料たち」で紹介した通り、とても染めやすい染料です。また、染まる色も雑味のない鮮やかな黄色になります。そのためか、延喜式の縫殿寮では全て藍との染め重ねにより緑色に使用されています。

そして、延喜式典薬寮という章に多く記載のあるのがこの黄蘗です。中宮（お妃様）専用の薬をはじめ、遣唐使や渤海使（朝鮮半島北部にかつてあった国、渤海への派遣使）の長期航海のための常備薬にも入っています。神農本草経をみてもわかる通り、整腸作用をはじめとして万能薬として重宝されていたのでしょう。様々な用途で消費量も多かったことが伺える黄蘗は、関西北陸以南の13の国から納められていたことも延喜式の記録でわかります。

時は下り江戸時代になると、陀羅尼助《だらにすけ》という民間薬が一世を風靡します。奈良県大峰山の麓にある天川村が発祥と言われ、大峰参りの旅客が大阪、京、江戸で流行らせたそうですが、この陀羅尼助は黄蘗の黄皮を煮て濃縮したものが主成分です。ベルベリンの薬効でしょう、万能薬として重宝されます。ただ、ベルベリンはものすごく苦いのです。筆者の工房でも染液を時々恐る恐るなめますが、すごいです。「良薬は口に苦し」や「だらすけは、腹よりまず、顔に効き」という句はどちらも陀羅尼助が元と言われています。ちなみに、寺のお坊さんが長い長い陀羅尼を唱える時の眠気覚ましになめた、というのがこの薬の名の元、という話もあります。どれも聞き伝えですが、そのくらい苦くて効く、ということなのでしょう。この陀羅尼助、今でも天川村で作って売られています。

ちなみに、百草丸《ひゃくそうがん》という長野一帯に伝わる民間薬も同じく黄蘗が原料です。こちらも苦くて良く効くそうです。どちらも是非お試しあれ。

黄蘗のプロファイル

汎用名	和名	学名	別名	生育地	備考
黄蘗	キハダ	*Phellodendron amurense*	黄檗（おうばく）、黄柏（おうばく、漢方薬名）	日本を含むアジア東北部全域	•染料店で普通に入手可能 •媒染の必要がない染料 •古くから薬として利用

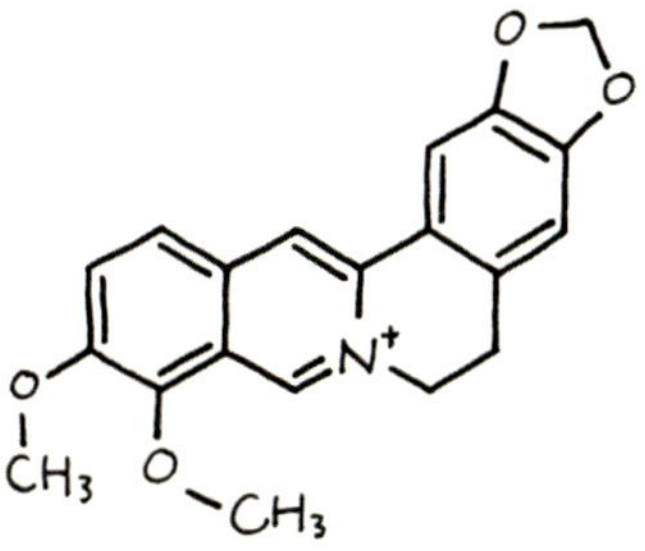
黄檗に含まれるベルベリンの構造式

伝統的な民間薬「陀羅尼助」

38 今も医療現場で利用される紫草

―シコニン―

「高貴な色の代名詞になった染料、紫草」でも少し紹介しましたが、紫根は古来、薬としても使用されてきました。紫根の主成分であるシコニンとその誘導体は全てナフトキノンに属しますが、このナフトキノンという種類の物質には薬理活性のあるものが多いとされています。

紫根は、中国最古の本草書（中国漢方の薬物辞典）である「神農本草経」に「心腹邪気、五疸を治す」として薬効が謳われています。また、やはり中国で2～4世紀に書かれたと言われる「名医別録」には、「以合膏、治小児瘡及面渣」とあり、軟膏のようなものにすることで、子供のはれものや顔の痣やできものの跡を治す、と書かれています。この他にも、唐の時代に編纂された新修本草や、宋の時代に編纂された証類本草など、主だった本草書には、必ず紫根が掲載されています。

中国で書かれた本草書は日本にも渡り、平安時代の日本の本草書である本草和名にも紫草の名をみつけることができます。ですが、律令、延喜式など当時の公式な文書を見る限り、紫根が薬として使われている形跡がありません。筆者の調査不足の可能性もありますが、この時代は薬効のことは知りながらも、高貴な色の染料使用のみに限定されていたのかもしれません。

紫根が日本で薬用として広く使われるようになるのは江戸の後期です。1617年に中国で「外科正宗」という当時としては珍しい外科専門の医学書が出ます。ここに、頭皮の乾燥、白癬、脱毛に効くとされた軟膏「潤肌膏」が、紫根、トウキ、ごま油、蜜蝋を使って作るという処方と一緒に記されています。

日本で初めて麻酔を行ったことで有名な外科医、華岡青洲がこれを見つけ、更に猪脂を加えるというアレンジをして作ったのが「紫雲膏《しうんこう》」です。華岡青洲はこの時代いくつもの新薬を作っていますが、後々まで最も広まったのはこの紫雲膏でして、やけどやキズを始め、様々な皮膚疾患の万能常備薬として今も使われています。筆者も友人が作ってくれた紫雲膏を作業場に常備しており、手荒れに重宝しています。

痔の薬で有名な天藤製薬のボラギノールは、もともと紫根を主成分として発売された薬です。薬名も、分類学上のムラサキ科のラテン名 Boraginaceae から採られています。今でこそ主成分はリドカインに変わっていますが、今も研究のために自社で紫根を育てておられます。

また、１９８０年代には、植物からではなく組織培養した細胞からシコニンを抽出するという手法を利用して、カネボウがシコニン入りの赤紫色の口紅を販売しています。この口紅は、その後の天然成分入りがもてはやされる時代突入の口火となります。

紫根は、シコンとしてオウバク（黄蘗の漢方名）、ウコンなどと共に現行の日本薬局方の生薬リストに正式に掲載されており、市販薬だけでなく一部軟膏などで病院での処方薬にも成分として使用されています。穏やかな薬効を武器にこれからも紫根の利用は続いていくだろうと思います。

紫草が掲載されている本草書

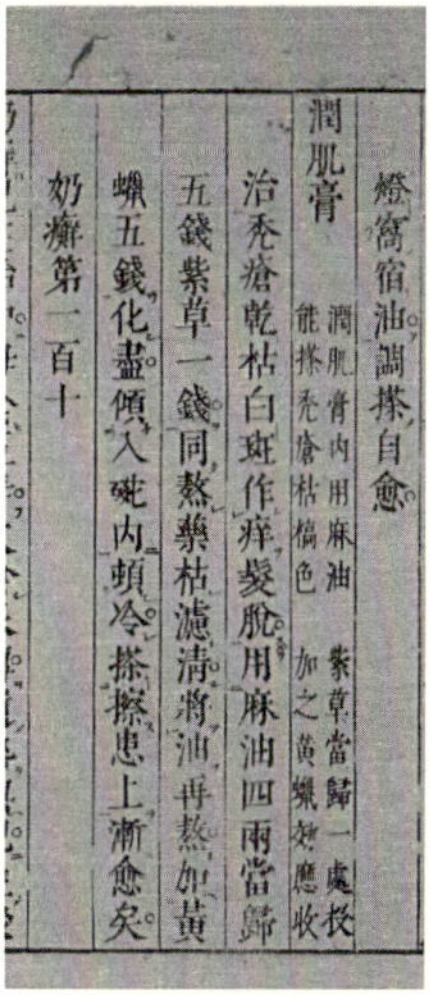

「外科正宗」
１６１７年に中国で記された外科医学書
紫雲膏の発案元である潤肌膏の効能と作り方が記されている。
画像は日本で江戸時代１７９１年に作成された写本
※京都大学付属図書館所蔵

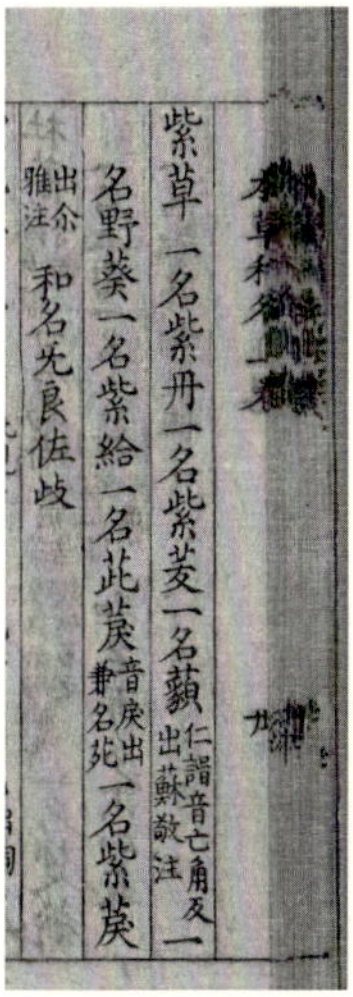

「本草和名」
平安時代に記された日本最古の本草書
紫草が薬草リストに記されている。薬効の表記はなし。
画像は江戸時代１７９６年に作成された写本
※国立国会図書館所蔵

39 色よりも褪色と薬効が重宝された鬱金
―クルクミン―

鬱金は南アジアに分布するショウガ科の多年草です。インドでは古くから根を様々な用途で使用していました。白井光太郎博士著「染料植物及染色篇」によれば、インドでは根を健胃調脈や下痢を治す薬とし、根を叩き砕き軟膏として皮膚病に利用していたとのことです。鬱金は中国にも渡り、唐の時代に編纂された新修本草には、不調の腹部の気を下げ血の巡りを良くし、熱を下げ、腫物おできに効くとあります。要は、万能薬のようです。

日本にも平安時代には知られていたようで、10世紀初めに編纂された我が国最古の本草書（薬物辞典）である本草和名に鬱金の名があります。ただ、名前と金色の粉であるという記述のみで、薬効に関する説明がありません。薬剤の形状が記されているということはこの時代おそらく鬱金はすでに今のターメリック粉のような状態で国内に渡っていたのだろうと思うのですが、どこまで薬用利用されていたかは不明です。少なくとも、染めに使われたと思われる形跡はありません。なお、ターメリック粉は、インドなど現地で採れた鬱金を煮詰めて固形状にしたものです。この技術は古くからあったのでしょう。

染色に使われた記録がわかるのは江戸時代になってからです。1696年に出版された当世染物鑑には、「きうこん」（鬱金のみの黄色）と「べにうこん」（鬱金と茜、もしくは紅花で染めるオレンジ）の染め方が記されています。ただ、鬱金の黄色は日光にもアルカリにも強い酸にも弱く変色しやすい色です。それはこの時代からわかっており、1712年に刊行された江戸時代最大の百科事典「和漢三才図絵」の鬱金の節を見ると、薬効と染め方に併せて色が変わりやすいと書かれています。この、鬱金の色変わりが早いのを利用したのが鬱金布と言われる黄色い包み布です。この布で包んだものを明るい所に置くと、直射日光でなくても数日で色が変わります。また、暗所でも湿ったところに置くと少しのカビなどによるアルカリ成分で、色がその部分だけオレンジになります。酸性の液体が付けば元色よりも更に明るい黄色に変わります。大事なものを他人に預ける際に鬱金布で包み、戻ってから布をチェックすれば、大切に保管されていたのか、無造作に扱われていたのか一目瞭然、というわけです。筆者もたまに鬱金布の染め依頼を受けるのですが、ほんの少量でもどこかに石鹸など不用意なものが残っているとすぐにオレンジになるので、他の染めと違う点で注意が必要な染色です。

また、紫雲膏を作った華岡青洲は、鬱金を使用した軟膏「中黄膏」も発明しており、これも江戸の庶民に広まります。現代のベルクミン軟膏は同じものです。

鬱金に含まれる黄色素はクルクミンという物質で、抗腫瘍、抗炎症作用が期待され数々の研究がなされていますが、クリーンヒットとなるような成果はでていないようです。紫根や黄蘗と違って、鬱金は残念ながら日本では医薬品として効果効能を標ぼうしてはいけない生薬となっています。ですが、千年以上前から薬に使われているのは何かあるのでしょう。筆者も鬱金入りドリンク剤を飲んだ翌日は二日酔いが軽くなる気がします。

鬱金のプロファイル

汎用名	和名	学名	別名	生育地	備考
鬱金	ウコン	*Curcuma longa*	秋ウコン、ターメリック、ウッチン（沖縄方言）	南アジア	•染料店で乾燥根のチップが普通に入手可能 •料理用に市販されるターメリック粉は煮詰めたエキス。染料店での乾燥根に比べ染まりが悪い •古くから香辛料、薬として利用

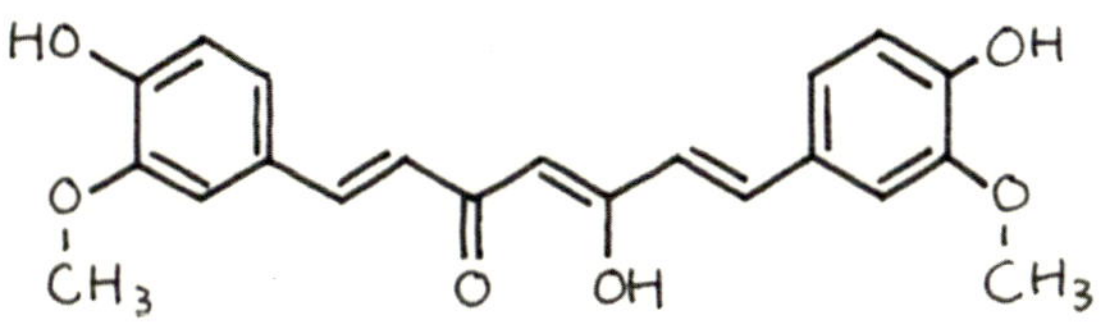

鬱金に含まれるクルクミンの構造式

40 ヒトの体内にもある藍の元
―インジゴとインドール―

突然ですが、紫色採尿バッグ症候群というのをご存知でしょうか？　尿道カテーテルを挿入している患者さんの尿バッグが青〜紫色に染まってしまう、という現象です。看護師として長く勤務している友人に話を伺うと、長期の入院で尿に菌が混入したり便秘がちの患者さんの透明なプラスチックの採尿袋が青〜紫色に変色することがあるとのことです。尿は通常の黄色のままですし、この症状が出たからと言って患者さんに重篤な問題があるわけではないらしいのですが、正確な尿の色の観察が困難になるため頻繁に尿バッグを交換しなければいけなくなるとのこと。筆者は実際に目にしたことがないのですが、泌尿器科をはじめ尿道カテーテルを使用する入院病棟に関わる医療従事者であればおそらく見聞きされたことのあるこの現象、実は藍染めと同じしくみなのです。

生命活動に欠かせない物質の1つにトリプトファンというアミノ酸があります。ヒトは自分でトリプトファンを合成できないため食事を通して体内に取り込むのですが、この時、腸内細菌相のバランス（いわゆる腸内フローラ）が悪いと一部の菌（いわゆる悪玉菌）がこのトリプトファンを壊してインドールという物質に変えます。更にいくつかのインドールは腸内で酸化されインドキシル硫酸塩という物質に変わります。インドールやインドキシル硫酸塩は体内に不要なのでそのまま便として、もしくは水と一緒に取り込まれたのちに尿として排出されますが、タイミング悪くその経路のどこかに、インドキシル硫酸塩から硫酸塩を切り離してしまう菌がいると、インドキシルとして尿に出てくるのです。そうなると後は「酸化と還元で染まる藍1〜3」で解説した通り、尿と一緒に出てきたインドキシルが尿袋に落ちて酸素と出会い、2個ずつ合体してインジゴになりながら尿袋を染める、となるのです。分量の大小はともかく、腸内フローラが悪ければ私たちの体内ではいつも藍染めの元ができているのです。

ちなみにインドキシル硫酸塩のひとつ手前の物質であるインドールという名前、インジゴに似ていますよね。これは、1866年にドイツの化学者バイヤーがインジゴをいじくり回して初めて合成に成功し、インジゴにあやかって名付けたためです。その後、生物の中にはこのインドールに形のよく似た物質がたくさんあることがわかってきます。それらインドール誘導体の中には重要な生理活性を持つものもあります。脳内の神経伝達物質の1つであるセロトニンもこのインドール誘導体の1つです。重要な脳内神経伝達物質とインジゴとは、実は遠い親戚なのです。

ちなみに、このインドールは便臭のする物質です。便臭の主役であるスカトールという物質も、腸内でこのインドールから生成されます。ですが、かぐわしい花の香りには、ほんの少しだけスカトールやインドールが含まれているそうです。良い香りから不快な臭いまで、さまざまな物質がインジゴの遠い親戚として私たちの生命活動に関わっているのです。

体内でインジゴができるまでの経路

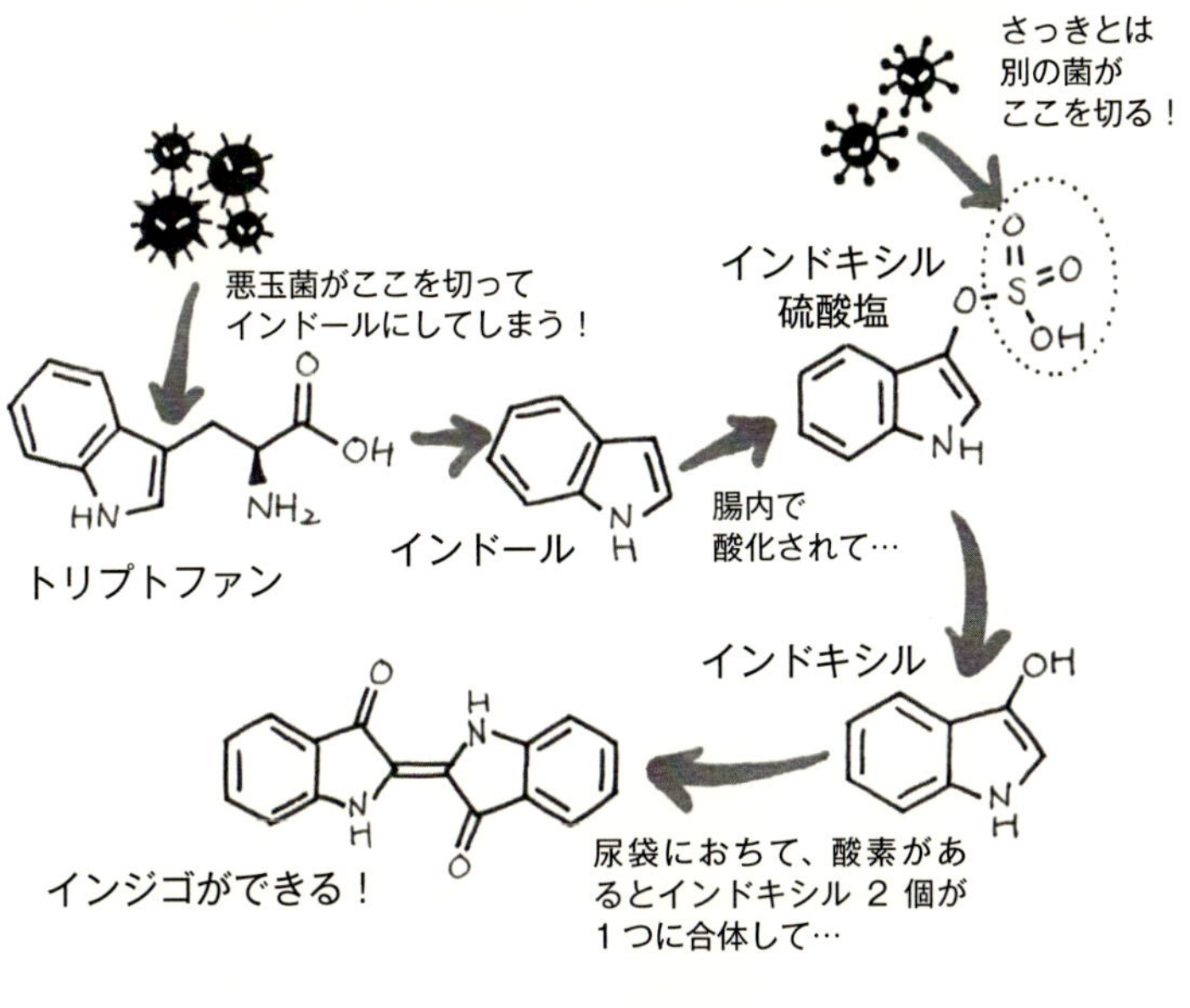
悪玉菌がここを切って
インドールにしてしまう！
トリプトファン
インドール
腸内で
酸化されて…
さっきとは
別の菌が
ここを切る！
インドキシル
硫酸塩
インドキシル
尿袋におちて、酸素があるとインドキシル 2 個が1つに合体して…
インジゴができる！

41 天然染料と持続可能な社会について

天然染料に携わる仕事をしていて頻繁に受ける質問（もしくは同意のリクエスト）のひとつが、「天然染料って地球にやさしいんですよね」もしくは、もう少し具体的に「化学染料よりも天然染料の方が環境に負担をかけにくいですよね」というフレーズです。

この問いかけに正確に返答できるだけの充分な量と効果的な質の情報を筆者は持ち合わせていないため、わかりません、としか答えようがないのですが、それでは申し訳ないので、もう少し視点を具体化して会話を進めるようにしています。すなわち、「やさしい、というのは人間にとってですか？　それとも人間以外の生物にとってですか？」もしくは、「それは、あなたが一人で染色をする場合ですか？　それとも大規模な染工場を運営しようとする場合ですか？」とお聞きします。

化学染料は人間が合成したものですので、これまで地球上に存在しなかった可能性の高い物質です。こういう物質は、私たち人間にとっては免疫システムによる排除対象になることが多く、自己免疫疾患に繋がる可能性が増えるでしょう。簡単に言えば、化学染料はアレルギー反応が出る可能性が高い物質になります。片や天然染料が含む物質は生体内に存在しているものなので人間の免疫システムも「この物質は見たことがあるからやっつけなくてもいいね」と排除対象にせず、アレルギー反応が出る可能性が低いでしょう（ただ小麦アレルギーや卵アレルギーのようなケースもあるのであくまで確率の問題です）。このように、「人間に直接悪さをするかしないか」という視点から見ると、確かに天然染料のほうが安全だろうと思います。

ですが、これが例えば水質汚染が対象になると話は別です。天然染料の染液は生物由来の有機物のスープのため「富栄養化」の原因になる可能性があります。富栄養化とは、簡単に言いますと、湖や河川に微生物の食べ物になる有機物がたくさん入ると、それを餌に微生物が大量発生して水中の酸素を消費してしまい、他の生物が住めなくなってしまうことです。

生物化学的酸素要求量という水質指標があります。略してBOD（Biochemical Oxygen Demand）値と言われるこの値は、ある水に含まれている有機物を微生物がすべて分解する（食べる）ために消費する酸素量、という少々まどろっこしいものですが、現代の水質汚染の重要な指標のひとつです。天然染料の廃液は微生物の餌になるのでBOD値を上げてしまいます。

合成物とは言いながら化学染料も有機物ですので同じくBOD値を上げる要因にはなります。ただ、化学染料は少量で無駄を少なく染めるように設計されています。ですが天然染料は植物たちが染色に使用されることを考慮して色素を作っているわけではないので、極めて廃棄物の割合が多い材料です。石油から化学染料を合成する全行程での廃棄物を考慮したとしても、同じ濃度の同じ程度の色を染める場合の、天然染料と化学染料双方の有機物残滓は天然染料のほうが多いのではないかと思います。すなわち、天然染料の方がBOD値を上げやすく、富栄養化の要因になりやすい染剤ではないかと思うのです。さらに、天然染料の方が染まりにくいので水も火力も多く使います。もちろん、植物個体も消費します。火力の使用による二酸化炭素排出の増量と二酸化炭素吸収生物の減少（石油は二酸化炭素を吸収しませんので）のため地球温暖化に一役買うことになります。

これらを考慮すると、使用する分量と状況によって、

天然染料と化学染料の優劣が変わるだろうと思うのです。小規模で、しかも例えば山奥で染めをするのであれば天然染料の方が良いでしょう。おそらく山奥であれば下水インフラがないため廃液は川に直接流すでしょうから、廃液は人間にもそして生物にもおかしなことをしにくい植物由来のもののほうが良いでしょう。小規模で染める量の廃液ならば、流す有機物もいわゆる水の浄化作用のレベルで問題なく微生物たちが分解してくれるでしょう。

ですが、大規模な染工場となると状況が変わります。廃液のＢＯＤ値にしろ、火力にしろ、水にしろ、化学染料に比べて数値の大きい要素を持つ天然染料の工場が大規模に存在してしまうということは、水質汚染、二酸化炭素増加、貴重な水資源のどの点からも天然染料の方が不利に思えるのです。まだそのような工場を見たことがないのであくまで推測の域を出ませんが…。

合成洗剤と天然の石けん洗剤とどちらが良いか、という話題を時折耳にします。石けんは油脂とアルカリで作られており生体内によく似たものがあるのでアレルギーを起こしにくいです。そのかわりＢＯＤ値が高くなります。合成洗剤に入っている界面活性剤ももちろん有機物ですが、１９７０年代の合成洗剤による水質悪化という多大な犠牲を経て、現在のものはできるだけＢＯＤ値を上げないものになっています。ただ、生体内で見たことがない合成された物質なので、石けんに比べるとアレルギーを起こす可能性は高いでしょう。作業をするお母さんの手荒れやアレルギーを起こしやすい家族のことを考えると石けん洗剤の方がよいでしょう。ですが、だからと言ってある都市の住民全員が石けん洗剤に変えたら、その都市の下水処理場はパンクしてしまうと思います。化学染料と天然染料との話と論点が似てるな、とよく思うのです。

化学製品の歴史はまだ2世紀足らず。でも昔から培われてきた技術と文化は何百年、何千年の時を経てきた。だからそちらの方が安全で人の生活に寄り添いやすい、というご意見ももっともだと思います。長い時間かけて認められているものを選ぶ、というのは統計学的見地から見ても合理的だと思います。ただ、社会全体がその情報だけで選択し判断するには、社会の図体が大きくなりすぎてしまっている、と思います。

18世紀の産業革命からこれまでの人類の負の遺産に学びながら、人類はその時代に気づいたこと、知り得たことを応用して様々なものを作り上げています。石油という限られた天然資源を材料に、できるだけ安全で便利なものを目指して作り上げる化学製品が一般的に悪く言われるのは、それ自体が悪いのではなく、流通量が多すぎるからではないかと思うのです。もし天然染料のプロダクトが同じ量だけ流通したら、現在とは全く違う問題が現れるのではないかと思います。個体数が多くなってしまった私たち人間が、何かに偏って集中してしまうと必ず問題が起こるでしょう。

化学染料が環境に悪くて天然染料が環境にやさしいのではなく、化学染料が大量に使われているため問題が顕在化し、天然染料を使用するケースが少ないから環境負担の問題が見えないのだろう、と思うのです。

生物多様性の保全が謳われています。生物だけではなく、人間の思想や志向も多様であるべきだろうと思います。様々な分野や要素が影響し合いながらバランス良く存在する状態。それが持続可能な社会の一形態なのではないか、と思うのです。その中で合成物も天然由来物もそれぞれの役割が尊重されながら存在している、そんな状態が、増えすぎてしまった人類と環境とが折り合いを付けながら過ごせる状態ではないかと思っています。

ただ、天然染料の世界はまだまだ規模が小さすぎてその要素のひとつにもなっていない状況です。天然染料界が社会の多様な要素の一翼を担うための一助になればと思いながら、本書を書いています。

増えすぎた人類が何かに偏るのはキケンかも…

Column

水ってすごい！

普段何気なく使っている水。実はとても不思議な物質だってご存知ですか？

H_2O という水分子は、酸素原子のあたりがマイナスの電気を帯びて、水素原子のあたりがプラスの電気を帯びている、ビカビカ帯電している分子なのです。磁石に例えても良いかもしれません（磁石は磁力でプラスマイナスは電気力なので根本は違いますが）。このプラスとマイナスの電気を帯びていることが、水分子を不思議な物質に仕立て上げています。

まずひとつ目。これは不思議というよりも便利なのですが、水は溶媒として極めて優秀な液体です。簡単に言えば、世の中には水の中で溶けてしまうものが多いのです。例えば塩（塩化ナトリウム）のようにマイナスな塩素とプラスなナトリウムが引きあってでき上がっている物質は、水の中に入るとマイナスな塩素には水のプラス部分が、プラスのナトリウムには水のマイナス部分がくっついて、ふたりの仲を引裂いてしまいます。これが、溶けるということですね。

次に２つ目、口の狭い入れ物に水を満タンに入れた後、そぉっと少しずつうまいこと水を更に注ぐとこぼれずに口の上に盛り上がりますよね。あれは、水分子同士がプラスとマイナスで引っ付いて「俺たち離れないぞ！」って頑張ってるんです。これを表面張力と言います。こうやって水が頑張るから、水面に葉が落ちても沈まず、アメンボもすいすい泳げるのです。

まだまだ他にもあるのですが今回はこの辺で。いやいや、水ってすごいです。

【参考文献】

"Natural Dyes", Dominique Cardon, Archetype Publications, 2007
「染料植物譜」、後藤捷一・山川隆平、はくおう社、１９７２年
「国史大系」第13巻　延喜式、経済雑誌社、１９０１年
「中國哲學書電子化計劃」（台湾の中国古文献データベースＨＰ）、https://ctext.org/zh
「染料植物及染色篇」、白井光太郎、大倉書店、１９１８年
「草木染染料植物図鑑」、山崎青樹、美術出版社、１９８５年
"Natural Products in the Chemical Industry", Bernd Schaefer, Springer, 2014
「国史大系」第５巻　日本紀略、経済雑誌社、１９０１年
「国会図書館デジタルコレクション」、http://dl.ndl.go.jp
「古代染色二千年の謎とその秘訣」、山崎青樹、美術出版社、２００１年
「自然の色と染め」、木村光雄、木魂社、１９９７年
「源氏物語」１～10巻、玉上琢彌、角川書店、１９９７年
「帝王紫探訪」、紫紅社、吉岡常雄、１９８３年
「江戸時代館」、小学館、２００２年
「化学史研究」Vol.19, p.294-301, 1992、貝紫と化学教育、日吉芳朗
「日本古典文学大系　日本書紀」上・下、坂本太郎ら、岩波書店、１９７３年
「染色工業」Vol.41, No.7, p.329-338, 1993、茜（アカネ）の含有色素と染色絹布の色、麓泉ら
「神農本草経解説」、森由雄、源草社、２０１３年
「完璧な赤」、エイミー・B・グリーンフィールド著、佐藤桂訳、早川書房、２００６年
「続草木染染料植物図鑑」、山崎青樹、美術出版社、１９９８年
「新編日本古典文学全集　萬葉集」１～４巻、小島憲之ら、小学館、１９９４年
「工芸のための染料の科学」、青柳太陽、理工学社、１９９６年
「正倉院紀要」、http://shosoin.kunaicho.go.jp/ja-JP/Bulletin
「新編日本古典文学全集　古事記」、山口佳紀ら、小学館、１９９９年

「昭和版延喜染鑑」、上村六郎、岩波書店、１９８６年
「日本の色辞典」、吉岡幸雄、紫紅社、２０００年
「大漢和辞典」、諸橋轍次、大修館書店、２０００年
「和漢三才図絵」上・下、寺島良安、東京美術、１９７７年
「日本農芸化学会誌」Vol.36, No.4, p.336-340, 1962、微生物定量法による絹糸蛋白質のアミノ酸組成に関する研究（第４報）、桐村二郎ら
「ローマ皇帝伝」上・下、スエトニウス著、国原吉之助、岩波書店、１９８６年
「老子・烈子　現代語訳」、野村岳陽、新光社、１９２３年
「全国長南会」、http://www.ne.jp/asahi/chonan/kenkyu
「続群書類従」第貳拾七輯、塙保己一、続群書類従完成会、１９４３年
「日本古典文学全集　落窪物語・堤中納言物語」、三谷栄一ら、小学館、１９８０年
「新編日本古典文学全集　栄花物語」１～３巻、山中裕ら、小学館、１９９７年
「糸のみほとけ展」公式図録、奈良国立博物館、２０１８年
「日本の黒染文化史」、川村康夫、染織と生活社、１９８７年
"Jean-Henri Fabre his life, his work"（アンリ・ファーブルのＨＰ）、https://en.e-fabre.com
「木簡庫」（奈良文化財研究所の木簡データベース）、http://mokkanko.nabunken.go.jp/ja
「国史大系」第12巻　令義解、経済雑誌社、１９０１年
「櫨の道」、矢野眞由美、松山櫨復活委員会、２０１５年
「延喜式に見られる蛍光を呈する天然染料の染色性」、都甲由紀子他7名、繊維学会予稿集73号、２０１８年
「鹿大史学」、Vol.40, p.21-37, 1992、冠位十二階と大化以降の諸冠位、虎尾達哉
「有機合成化学」Vol.48, No.10, p.866-875, 1990、古代色素、シコニンとその誘導体の化学、寺田晃ら
「群書類従」第六輯、塙保己一、経済雑誌社、１８９３年
「京都大学貴重資料デジタルアーカイブ」、https://rmda.kulib.kyoto-u.ac.jp
「新編日本古典文学全集　源氏物語」１～６巻、阿部秋生ら、小学館、１９９４～１９９８年
他

索 引

英 字

あ 行

さ 行

た 行

か　行

ま 行

や 行

ら 行

な行

は行

●著者紹介
青木　正明（あおき　まさあき）
天然色工房tezomeya 主宰
http://www.tezomeya.com

1991年　東京大学医学部保健学科卒業
　　　　株式会社ワコール入社
　　　　スポーツアンダーウェアなどの企画業務に携わる
2000年　株式会社ワコール退社後、株式会社益久染織研究所に勤務
　　　　天然染料を含めた染色業務全般を受け持つ
2002年　株式会社益久染織研究所退社
　　　　天然色工房tezomeyaを開業
2009年　京都造形芸術大学美術工芸学科非常勤講師を兼任
2019年　京都光華女子大学短期大学部准教授を兼任

天然染料のみで染めたアウターウェアブランドtezomeyaを2002年に立ち上げ、オーガニックコットン、吊編み機、力織機風織物などの素朴なテキスタイルに複雑で優しい草木の色目を乗せた、シンプルで飽きのこないデザインと風合いの服作りで好評を得る。オリジナルウェア染色の傍ら個人の衣類を預かり染める「注文染め」も手掛け、これまで3000着以上の服を天然染料でよみがえらせている。その他にも和装用着尺、各種工芸織物用絹糸などの注文依頼もこなしている。
染色手法は、古文献の調査研究と科学的アプローチによる両面から確立。天然染料に関する手法研究と実践から得た技術・知識を国内外でのワークショップや講演で公開し、天然染料の普及に努めている。

NDC 577

おもしろサイエンス**天然染料の科学**

2019年3月22日　初版第1刷発行
2025年2月14日　初版第10刷発行　　定価はカバーに表示してあります。

©著者　青木正明
発行者　井水治博
発行所　日刊工業新聞社　〒103-8548 東京都中央区日本橋小網町14番1号
書籍編集部　電話 03-5644-7490
販売・管理部　電話 03-5644-7403　FAX 03-5644-7400
URL　https://pub.nikkan.co.jp/
e-mail　info_shuppan@nikkan.tech
振替口座　00190-2-186076

印刷・製本　新日本印刷㈱（POD4）

2019 Printed in Japan　落丁・乱丁本はお取り替えいたします。
ISBN　978-4-526-07966-5